多基地雷达系统信号处理：
自适应波形选择、最优几何构型与伪线性跟踪算法

[澳] 阮玉洪（Ngoc Hung Nguyen）
[澳] 库特鲁伊尔 · 道格安赛（Kutluyil Doğançay）　著
高 婷　向 龙　**译**
吕金建　**主审**

U0295654

上海交通大学出版社
SHANGHAI JIAO TONG UNIVERSITY PRESS

内容提要

本书从自适应波形选择、最优几何构型与伪线性跟踪算法三个方面,研究多基地雷达系统信号处理。主要分为三个部分,第一部分为自适应波形选择,讨论机动目标的多基地雷达跟踪波形选择、杂波下多基地目标跟踪波形选择、基于笛卡儿估计的多基地目标跟踪波形选择、分布式多基地目标跟踪等内容;第二部分为多基地雷达目标定位的最优几何构型,讨论一发多收、独立双基地通道两种情况;第三部分为伪线性跟踪算法,涉及多基地雷达目标运动分析的批跟踪估计器、利用到达时差测量的多基地雷达目标定位闭合解等内容。本书系统讨论了多基地雷达信号处理原理和方法,深入研究了涉及的若干关键技术,兼具系统性和前沿性,语言通顺易懂。

本书适合从事雷达系统研究、设计与试验的科技工作者参考,也可作为高等院校电子信息类专业的教学用书。

This edition of Signal Processing for Multistatic Radar Systems by Ngoc Hung Nguyen, Kutluyil Dogancay is published by arrangement with ELSEVIER LTD. of The Boulevard, Langford Lane, Kidlington, OXFORD, OX5 1GB, UK. Chinese edition @ Elsevier Ltd. and Shanghai Jiao Tong University Press.

上海市版权局著作权合同登记号:图字:09-2022-980

图书在版编目(CIP)数据

多基地雷达系统信号处理: 自适应波形选择、最优几何构型与伪线性跟踪算法 / (澳) 阮玉洪, (澳) 库特鲁伊尔·道格安赛著; 高婷, 向龙译. -- 上海: 上海交通大学出版社, 2024. 9 -- ISBN 978-7-313-30884-9

Ⅰ. TN95

中国国家版本馆 CIP 数据核字第 2024WX2475 号

多基地雷达系统信号处理:自适应波形选择、最优几何构型与伪线性跟踪算法
DUOJIDI LEIDA XITONG XINHAO CHULI: ZI SHIYING BOXING XUANZE ZUIYOU JIHE GOUXING YU WEIXIANXING GENZONG SUANFA

著　　者:[澳]阮玉洪
　　　　　[澳]库特鲁伊尔·道格安赛
译　　者:高　婷　向　龙
主　　审:吕金建
出版发行:上海交通大学出版社
地　　址:上海市番禺路 951 号
邮政编码:200030
电　　话:021-64071208
印　　制:浙江天地海印刷有限公司
经　　销:全国新华书店
开　　本:710mm×1000mm　1/16
印　　张:10
字　　数:172 千字
版　　次:2024 年 9 月第 1 版
印　　次:2024 年 9 月第 1 次印刷
书　　号:ISBN 978-7-313-30884-9
定　　价:128.00 元

作者简介

阮玉洪(Ngoc Hung Nguyen),2012 年获澳大利亚阿德莱德大学电气和电子工程专业学士学位,2016 年获得南澳大利亚大学电信博士学位。目前,他是澳大利亚国防科技组织(DSTO)和南澳大利亚大学兼职研究员。2019 年加入 DSTO 组织之前,他曾是南澳大利亚大学研究员和讲师。他的研究领域包括统计学、自适应信号处理、压缩感知和估计理论,重点研究目标定位和跟踪、传感器管理和雷达成像。阮博士目前在《数字信号处理》编辑部任职。

库特鲁伊尔·道格安赛(Kutluyil Doğançay),1989 年获得土耳其伊斯坦布尔博阿齐奇大学电气和电子工程工学学士学位,1992 年获得英国伦敦帝国理工学院通信和信号处理理学硕士学位,1996 年获得澳大利亚国立大学通信工程博士学位(大学位于澳大利亚首都堪培拉)。自 1999 年 11 月起,他任职于南澳大利亚大学工程学院,是电气和机电工程系的教授和学科带头人。他的主要研究领域包括统计学、自适应信号处理及其在国防和通信系统中的应用。道格安赛博士于 2015 年获得南澳大利亚大学工程学院最佳研究员奖,2005 年获得澳大利亚政治科学研究所最高科学奖。他曾担任 IEEE 国际信号处理、通信和计算大会(SSP2014)主席,2007 年担任信息、决策和控制会议信号处理和通信组主席。他是《信号处理》和《欧洲信号处理与发展》编辑委员会成员。2009—2015 年,他当选为 IEEE 信号处理协会信号处理理论与方法(SPTM)技术委员会成员。目前,他还是传感器阵列和多通道(SAM)技术委员会、IEEE 通信和电子技术委员会成员。道格安赛博士是欧洲安全保护计划在澳大利亚的联络人。

前　言

雷达是一种电磁传感器，通过发射电磁波、照射目标场景并接收物体反射回波来探测目标并测距。自 20 世纪初雷达发明以来，无论在任何天气条件下、白天和夜晚，雷达都具有对目标远距离高精度探测、跟踪和成像的能力，使得其在民用和军事领域获得广泛的应用，并发挥了基础和突出的作用。多基地雷达作为一类特殊类型的雷达，以分布式方式在不同的位置部署发射站和接收站。由于其发射站和接收站的分置，多基地雷达覆盖的探测区域超过传统的单基地雷达，同时为雷达系统的设计人员提供了更多的自由度，以便针对特定实际应用优化雷达系统设计。此外，多基地雷达在解决复杂问题方面取得了很大进展。

由于多基地雷达的时延和多普勒频移，与目标位置和速度具有非线性关系，所以常规的模糊度函数对于时延和多普勒频移的定义，在应用于多基地雷达时，能提供的信息相对较少。相反，多基地雷达模糊度函数通常用目标位置和速度表示。在这种形式中，多基地模糊度函数不仅取决于雷达波形，而且还受到“雷达-目标”几何构型的强烈影响。这强调了几何构型对多基地雷达性能的重要性。受多基地雷达在非线性信号处理、波形和几何构型等方面的独特性启发，本书介绍了多基地跟踪雷达系统的现代信号处理技术，其核心主题是通过自适应波形选择、最优几何构型与伪线性跟踪算法进行性能优化。

本书内容由三部分组成。第一部分(自适应波形选择)介绍了几种自适应波形选择算法，用于处理各种多基地跟踪问题。第二部分(最优几何构型)讨论了基于到达时间进行目标定位的多基地雷达-目标几何构型优化问题。第三部分(伪线性跟踪算法)侧重于对无源多基地雷达系统的固有稳定性、低复杂度的闭环跟踪定位算法进行设计与分析。

书中提供的仿真示例附有补充 MATLAB 代码，可在 Elsevier 网站

(https://www. elsevier. com/booksand-journals/book companion/9780128153147)在线获取。这些 MATLAB 代码均为源代码,不作任何保证。

衷心感谢意大利比萨大学的基尼教授(Fulvio Gini)、格列科教授(Maria Sabrina Greco)以及澳大利亚国防科技集团的哈姆博士(Hatem Hmam)对本书提出的意见。非常感谢伦纳德(John Leonard)及出版团队对本书出版的支持。此外,作者表达了对他爱人的感激之情,并将此书献给他的妻子莲,感谢她的爱和鼓励。作者感谢他的家人在本书写作过程中给予的支持和理解。

缩略语和符号列表

缩略语

2D	二维
3D	三维
AOA	到达角
BCPLE	偏置补偿
CRLB	克拉美罗下界
DEKF	延迟扩展卡尔曼滤波器
EKF	扩展卡尔曼滤波
FDOA	时频差测量
FIM	费舍尔信息矩阵
IMM	交互式多模型滤波模型
IV	仪器变量
IVE	仪器变量估计器
LFM	线性调频
LOS	视线
MIMO	多输入多输出
MLE	最大似然估计
MSE	均方误差
PDA	概率数据关联
PLE	伪线性估计
RMSE	均方根误差
Rx	接收站
TB	时间带宽
TDOA	到达时间差
TLS	总最小二乘
TMA	目标运动分析
TOA	到达时间
Tx	发射站
UAV	无人机
WIVE	加权辅助变量估计

符号

$\mathbf{R}^{n}$	N 维实向量集
x	标量
$\boldsymbol{x}$	矢量
$\boldsymbol{X}$	矩阵
$\boldsymbol{I}_{N\times N}$ 或 $\boldsymbol{I}$	$N\times N$ 维 $\boldsymbol{I}$ 矩阵或近似矩阵
$\boldsymbol{O}_{N\times M}$	$N\times M$ 维零矩阵或近似矩阵
$1_{N\times M}$ 或 1	$N\times M$ 维 1 矩阵或近似矩阵
$\boldsymbol{x}(i)$	向量 $\boldsymbol{x}$ 的第 i 个值
$\boldsymbol{X}(i)$	矩阵 $\boldsymbol{X}$ 的第 (i, j) 值
$\boldsymbol{X}[i, j]$ 或 $\boldsymbol{X}^{[i, j]}$	矩阵 $\boldsymbol{X}$ 的第 (i, j) 个元素
$\boldsymbol{x}(i: j)$	向量 $\boldsymbol{x}$ 的第 i 至第 j 个元素 $X(i: j)$
$\boldsymbol{X}(i, :)$	矩阵 $\boldsymbol{X}$ 的第 i 行形成的子矩阵
$\mathrm{diag}(\boldsymbol{x}, \boldsymbol{y}, \cdots)$	$\boldsymbol{x}, \boldsymbol{y}, \cdots$ 对角项的对角矩阵
$\mathrm{diag}(\boldsymbol{X}, \boldsymbol{Y}, \cdots)$	$\boldsymbol{X}, \boldsymbol{Y}, \cdots$ 对角项的块对角矩阵
$\mathrm{diag}(\boldsymbol{x})$	由向量 $\boldsymbol{x}$ 的对角线元素构成的对角矩阵
$\tilde{x}$	变量 x 的噪声
$\tilde{\boldsymbol{x}}$	矢量变量 $\boldsymbol{x}$ 的噪声
$\hat{x}$	变量的估计
$\hat{\boldsymbol{x}}$	向量变量的估计
$\boldsymbol{X}^{\mathrm{O}}$ 或 $\boldsymbol{X}_{\mathrm{O}}$	矩阵 $\boldsymbol{X}$ 的无噪声版本
$\Vert \cdot \Vert$	欧氏范数
$(\cdot)^{\mathrm{T}}$	矩阵转置
$\vert \cdot \vert$	矩阵行列式
$\mathrm{trace}(\cdot)$	矩阵迹
$\log(\cdot)$	基数-10 对数
$\ln(\cdot)$	自然对数
$\exp(\cdot)$	指数函数
$\mathrm{sgn}(\cdot)$	符号函数
Θ	逐元(舒尔凸函数)输出
$\mathrm{E}\{\cdot\}$	统计期望值

目　　录

第 1 章

引　言

1.1　历史背景

21 世纪以来，雷达在民用和军事领域应用广泛，并发挥了基础和突出作用。这主要得益于雷达能够在各种天气条件下工作，无论白昼和夜晚，其都能进行远距离和高精度的目标探测、跟踪和成像。如今，雷达在天气预报、遥感和测绘、天文学、航空管制和地面交通控制、防空和武器系统控制、汽车传感器、高分辨率目标成像和识别、机载避撞系统、老年人护理和辅助生活等方面的应用比比皆是[1-12]。

雷达本质上是一种电磁传感器，通过辐射电磁波，照射感兴趣的目标场景，然后接收并处理来自目标的反射回波，以实现对目标的探测和测距。通过处理接收到的信号，雷达可以确定探测区域中是否存在一个或多个目标，还可以确定目标的位置、速度，以及大小、形状和特征。雷达按照系统几何构型可以分为三种不同类型：单基地雷达、双基地雷达和多基地雷达。单基地雷达有一个发射机和一个接收机，并配属在同一地点。相比之下，双基地雷达的发射机（发射站）和接收机（接收站）分别部署在不同的地点。多基地雷达则是双基地雷达的一种拓展，其将多个发射站和接收站部署在不同的位置，以实现探测区域的多重空间重叠覆盖，如图 1.1 所示。

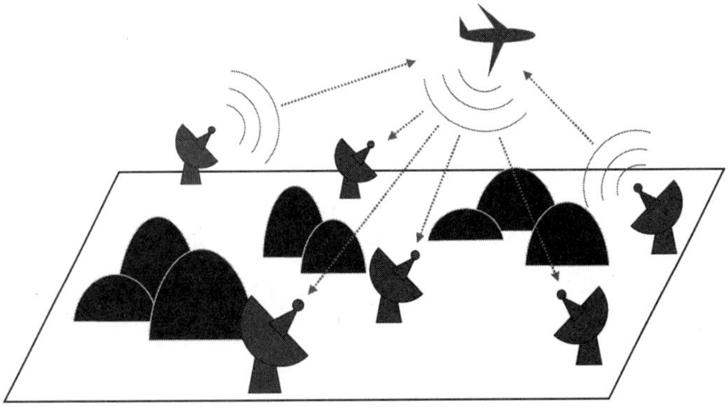

图 1.1　多基地雷达系统示意图

根据传统定义，多基地雷达可以被视为由若干个独立工作的“发射站-接收站”(配对组合)组成的系统[13-14]。“发射站-接收站”配对组合输出的目标检测、估计和其他高级目标信息将被送到中心处理系统，由中心系统进行处理以改进检测和目标估计性能。这种处理就是常说的非相干处理。例如，多基地雷达可以在系统内不同的“发射站-接收站”独立获得的距离、多普勒或角度测量值的基础上，使用多点定位法估计目标的运动状态(即位置和速度)。具有天线大间隔分置的多输入多输出(multiinput-multioutput, MIMO)雷达是另一种多基地雷达，其设计与多基地雷达不同之处在于[15-16]：MIMO 雷达通过信号级联合处理发射站和接收站的信号，其与 MIMO 通信有着紧密联系。这种类型的多基地雷达不在本书探讨之列。

发射站和接收站分置所提供的空间分集特性，不仅使双基地雷达和多基地雷达具有许多优于单基地雷达的优势，同时还为雷达系统的设计人员提供了额外的自由度，以便设计人员能针对特定应用场景优化雷达系统设计[13-14]。由于接收站与发射站分置，双基地雷达和多基地雷达能够对抗逆向反射式干扰机，这种干扰机能监测到发射站的雷达信号，并将干扰信号直接反射至发射站。双/多基地雷达的几何部署位置也增大了隐身目标的雷达截面积(radar cross-section, RCS)，从而提高了对隐身目标的探测性能。此外，由于利用了多个“发射站-接收站”的配对组合，提升了信号收集的多方向性，从而可以高精度地估计目标的运动状态。多基地雷达还可以避免在双基地雷达探测中出现的一种不利几何布局构型，即目标位于收、发两站之间的视线附近位置。

双/多基地雷达可利用其自身发射站发射信号，或利用其他辐射源的辐射信号探测目标[13-14,17]。辐射源可来自现有的(合作类或非合作类)雷达或其他非合作类的商用广播和通信信号。利用这种机会辐射源的雷达系统通常被称之为无源雷达。无源双/多基地雷达均可以在民用领域内使用，特别是在有多个机场的大都市。因为这些市区不允许有大功率的雷达辐射信号存在，所以雷达的使用需要政府许可。利用其他现有辐射源的这种机会照射方式，可极大抵消发射站及其相关设备的建造和运行成本。

双/多基地雷达的这些优点，特别是在直达路径信号抵消和收发同步方面，是以系统硬件和信号处理的复杂性增加为代价的。然而，得益于波束形成、集成电路设计以及全球定位系统等领域的大量研究成果，在解决这些复杂问题方面取得了显著进展，从而使得双/多基地雷达系统在现实环境中得到运用[13]。

双/多基地雷达在雷达发展史上经历了周期性的复兴。最早的雷达是双基地雷达。二战前和二战期间，美、英、苏、法、德、意、日等许多国家研制并部署了若干部连续波双基地雷达。自雷达双工器发明以来，其允许在一副公用天线上使用脉冲信号进行收发，基于这一优势，单基地雷达一直占据着雷达研究领域的主导地位。因此，到第二次世界大战结束时，所有的双基地雷达研发工作都停止了。双/多基地雷达的首次复兴始于 20 世纪 50 年代，其主要应用于防空预警和弹道导弹发射预警、战术半自动寻的导弹、测试靶场仪器以及卫星跟踪等领域。第二次复兴发生在 20 世纪 70—80 年代，为了应对干扰和反辐射导弹威胁，对一些试验性质(但未部署)的双基地雷达系统进行了测试。

弹道导弹跟踪的多基地测量系统是一种车载式多基地雷达，于 20 世纪 80 年代部署。采用广播发射站作为机会辐射源的首次双基地试验就是在这段时期开展的。

自 20 世纪 90 年代中期开始的第三次复兴以来，人们对双、多基地雷达进行了广泛研究，包括双基地合成孔径雷达的图像聚焦和运动补偿技术，用于双基地动目标指示的自适应杂波对消方法，以及用于无源雷达的商用广播发射电台的开发等。

对雷达(包括双/多基地雷达)历史的全面回顾参见文献[13-14,17]。

1.2　研究目的和范围

模糊函数是雷达性能分析中不可或缺的重要工具[8,18-19]。模糊函数本质上表征了雷达波形的复包络与其在时间和频率上的偏移量之间的自相关性。将波形的点目标响应用模糊函数表示为时间延迟和多普勒频移(或等效目标距离和径向速度)的二维函数。根据模糊函数曲线，可以从估计精度、目标分辨率以及杂波抑制三个方面来评估雷达性能。在单基地雷达中，当时延和多普勒频移分别与目标距离和径向速度成正比时，模糊函数仅由雷达波形决定，而不受雷达与目标几何部署关系的影响。在时延和多普勒频移方面，双、多基地雷达的模糊函数与单基地雷达相同。然而，由于双、多基地雷达的时延和多普勒频移与目标的位置和速度具有非线性相关性[20-21]，故由此定义的模糊函数，可提供的有关雷达性能方面的信息相对较少。根据应用场合的不同，可使用不同的坐标系来表征目标的位置和速度，例如北向参考坐标系、笛卡儿坐标系和球面坐标系。因此，对双基地和多基地雷达而言，其模糊函数通常用目标在这些坐标系中的位置和速度来表示。在这种情况下，双、多基地雷达的模糊函数不仅取决于雷达波形，而且还受雷达-目标的几何部署位置关系的显著影响[20-21]。这凸显了(“雷达-目标”)几何部署关系对多基地雷达性能影响的重要性。

本书的重点是多基地雷达跟踪系统的现代信号处理技术。受上述多基地雷达的独特特点的启发，本书主要研究基于自适应波束选择、最优几何构型与伪线性跟踪算法的多基地雷达性能优化。本书内容分为三个部分。

第一部分：自适应波形选择，介绍了多种自适应波形选择算法，适用于各种多基地雷达跟踪场景，包括第 2 章的机动目标跟踪、第 3 章的杂波下目标跟踪、第 4 章的基于笛卡儿估计的目标跟踪以及第 5 章的分布式目标跟踪。其目的是在笛卡儿坐标系中运用最小化目标运动状态估计的均方误差（mean-square error，MSE）来优化跟踪性能。这是通过最小化目标状态的误差协方差矩阵的迹来实现的，该迹可利用雷达测量误差的克拉美罗（Cramér-Rao）下界（Cramér-Rao lower bound，CRLB）函数，从跟踪算法的更新方程中计算得到。

第二部分：最优几何构型，讨论了多基地雷达目标定位系统中"雷达-目标"的几何部署构型优化问题。基于到达时间（time of arrival，TOA）定位最优几何图形被解析推导为两种多基地雷达配置：对于两种多基地雷达系统配置，采用解析的方式推导了基于到达时间定位的最优几何构型。第 6 章为单发射站和多接收站的情形，第 7 章为多个独立的双基地信道。采用最小化估计置信度区域的方式进行最优几何构型分析，也即相当于费舍尔信息矩阵（Fisher information matrix，FIM）行列式的最大化。

第三部分：伪线性跟踪算法，主要针对无源多基地雷达系统，侧重于设计和分析具有固有稳定性和低复杂度特征的闭环跟踪和定位算法。第 8 章给出了在伪线性估计和辅助变量估计的框架下，利用到达角（angle of arrival，AOA）、到达时差（time difference of arrival，TDOA）以及到达频差（frequency difference of arrival，FDOA）的测量值，对匀速目标进行多基地雷达目标运动分析的闭环跟踪估计批处理方法。第 9 章介绍了基于到达时差测量的多基地雷达目标定位的闭式最小二乘估计法及其去偏方法。

我们假设读者已具备数字信号处理、线性代数以及矩阵代数、概率和随机过程等方面的背景知识，并对雷达系统和信号处理[1-2]，估计和跟踪[22-24]有基本的了解。

1.3 主要研究内容

以下是对本书其余章节的简要概述和总结。

第一部分：自适应波形选择。

第 2 章：多基地雷达跟踪机动目标波形选择。

本章研究多基地雷达跟踪机动目标的自适应波形选择问题。提出一种基于扩展卡尔曼滤波的多模交互算法，用于处理雷达观测向量与目标状态向量之间的非线性问题以及机动目标的运动建模问题。提出了三种基于交互多模算法的波形选择方案，分别是最小似然矩阵、最小最大矩阵和组合协方差矩阵的迹。通过蒙特卡罗仿真示例，验证了该波形选择方案相对于传统固定波形的性能优势。

第 3 章：杂波环境下多基地雷达目标跟踪波形选择。

本章提出了一种在杂波环境下多基地雷达跟踪目标的最优波形选择算法。在波形选择过程中（即在实际波形发射之前），由于杂波引起的虚警测量将无法获得精确的航迹误差协方差矩阵。因此，利用修正的 Riccati 方程计算出航迹误差协方差矩阵期望值后再进行波形选择，仿真示例验证了该波形选择算法的有效性。

第 4 章：基于笛卡儿估计的多基地雷达目标跟踪波形选择。

本章采用基于笛卡儿估计进行多基地雷达目标跟踪，其中只选择多基地雷达系统中两个接收站的测量值，并利用该测量值计算运动目标的笛卡儿状态估计，然后由线性卡尔曼滤波器处理生成跟踪航迹。为了优化跟踪性能，提出了雷达波形与笛卡儿估计的联合自适应选择方法。在联合自适应选择方案的开发中，推导并利用了笛卡儿估计的克拉美罗下界。在研的目标跟踪系统有三个重要的优点：(1)仅使用一个笛卡儿估计就可进行目标跟踪，对发射站-接收站通信链路的带宽和功耗的要求极低；(2)通过雷达波形选择和笛卡儿估计的联合处理，实现了性能自适应优化；(3)使用线性卡尔曼滤波器带来的线性估计固有得益（诸如稳定性等）。通过仿真示例验证了该目标跟踪系统的性能优势。

第 5 章：分布式多基地雷达目标跟踪波形选择。

本章讨论分布式多基地雷达目标跟踪的波形选择问题，在这种情况下，多个接收站组成一个连接网络（雷达网），在雷达网中，这些接收站可将雷达测量值和跟踪估计值等信息传递至邻近雷达接收站。提出了多（接收）站雷达网以完全分散的方式执行联合目标跟踪和波形选择的一种新方法。具体而言，每个接收站可利用其紧邻域内可用的信息数据执行目标跟踪和波形选择任务。这种分布式处理策略在节省系统运行成本和维护成本，以及增加系统对链路或节点故障的鲁棒性方面具有重要优势。仿真示例验证了该方法的性能。

第二部分：最优几何构型。

第 6 章：单发射站多接收站的多基地雷达目标定位最优几何构型。

本章分析了采用单发射站多接收站的多基地雷达系统采集“到达时差”测量数据进行目标定位的最优几何构型。基于最大 FIM 行列式的最优几何构型分析，可有效使置信区域面积估计达到最小化。通过旋转坐标系，可使发射站相对目标的方位角为零，将若干个接收站与目标以 60°方位角共线放置，其余接收站按－60°的方位角放置，从而构成最优几何布局。通过数值求解和传感器航迹优化等仿真研究，验证了分析结果的准确性。

第 7 章：独立双基地信道多基地雷达目标定位的最优几何构型。

本章利用从多个独立双基地信道组成的多基地雷达系统采集到的 TOA 测量数据，推导出目标定位问题的最优几何构型。当目标与每个双基地信道的发射站和接收站共线且目标位于两端任意一端时，可获得该多基地雷达系统的最优几何角度配置。该问题简化为在不同双基地雷达信道之间优化角度分离的问题，可参考"到达角"定位的最优角分离方法进行求解。给出了传感器运动轨迹优化的仿真算例，验证了分析结果的正确性。

第三部分：伪线性跟踪算法。

第 8 章：用于多基地雷达目标运动分析的跟踪估计批处理方法。

本章讨论无源多基地雷达系统利用 AOA、TDOA 和 FDOA 测量值进行匀速目标运动分析的问题，给出了 4 种状态估计的批处理方法，包括伪线性估计(PLE)、偏差补偿估计(BCPLE)、加权辅助变量估计(WIVE)和最大似然估计(MLE)。与迭代最大似然估计法相比，伪线性估计、偏差补偿估计和加权辅助变量估计(的解)都是闭合形式，具有固有的稳定性和运算优势。由于测量矩阵和伪线性噪声向量之间的相关性，伪线性估计存在较为严重的偏差问题。偏差补偿估计可通过估计和去除伪线性估计的瞬时偏差来减少伪线性估计偏差。将偏差补偿估计与加权辅助变量估计相结合，可得到目标运动参数的渐近无偏估计。分析表明，该方法在低噪声测量时具有渐近有效性。通过仿真示例对这些估计算法的性能进行了评价。在闭式估计中，加权辅助变量估计的性能最佳，同时表现出与最大似然估计相当的计算性能。

第 9 章：基于到达时差测量的多基地雷达目标定位的闭合解。

本章主要研究基于到达时差测量值的多基地雷达系统目标定位的闭合最小二乘估计技术。为了克服最大似然估计的运算负担和不稳定性等问题，通过引入干扰参数，将非线性到达时差测量方程代数重排为一组线性方程，从而使线性最小二乘法能以闭合形式进行使用。到达时差测量方程的这种转换带来了两个技术挑战。首先，干扰参数依赖于目标的真实位置，必须考虑这种依赖关系才能获得有效的估计；其次，线性化方程中的测量矩阵与伪线性噪声向量相关，从而导致线性最小二乘解存在偏差问题。本章将介绍一系列可有效应对这两个挑战的算法。仿真示例验证了算法的有效性。

第一部分

自适应波形选择

波形分集是指动态调整雷达波形，以优化雷达性能，对抗环境的非平稳性和不确定性[8,18]。从检测、跟踪到分类，波形分集已经在雷达信号处理领域的不同方面得到了运用(参见[8,18]及其参考文献)。各种波形参数可用于波形分集，包括：脉冲重复频率、载波频率、带宽、脉冲宽度、幅度、编码样式、空间特性、极化特性、抖动和频率整形。虽然波形自适应性和敏捷性直到最近才被应用于综合传感系统，如雷达和声纳(这些系统的发展史不过百年)，但实际上，数百万年来，波形多样性在自然界中一直得到了运用，如鲸鱼、海豚和蝙蝠等哺乳动物通过回声进行目标定位。

在目标跟踪中，跟踪系统一般以贯序方式融合关于目标的信息(如距离、多普勒和/或角度信息)，而雷达-目标的几何构型和感知环境是随着雷达和/或目标的运动而不断变化的。因此，波形的动态自适应性在目标跟踪应用场合中特别有用，因为它允许在脉间(脉冲到脉冲之间)的基础上调整发射波形，以适应跟踪系统要求的变化[25-32]。目标跟踪中的波形自适应是因为不同的波形具有不同的分辨率，从而在雷达测量中产生不同的误差。其设计思想是设计或选择波形以确保在目标运动状态估计的维度中保持小的测量误差。这其中，跟踪器的不确定性(维度)很大，而对于其他不确定性较小的维度则可以容忍较高水平的误差。动态波形自适应通常是在控制理论的框架下考虑的；其中，通过优化与波形相关的代价函数(例如目标状态估计误差的均方误差[28-34])来选择下一个时间步长中要发射的波形。这将引入反馈环路，其中，在当前时间步长结束时所选择的波形将影响到下一个时间步长中的雷达和跟踪器性能，进而影响下一个波形选择。对于具有线性观测模型的一维目标跟踪的简单情况而言，可以得到闭合形式的解[28]。然而，在大多数现代跟踪场景中，由于观测模型的非线性、杂波的存在或检测方式的不完善，通常需要强力优化技术[29-32]。因此，该问题通常被称为自适应波形选择。其目的是在可用波形库中选择最佳候选波形，以优化下一个时间步长的跟踪性能。波形库可以由不同的波形类别组成，或者仅仅是具有不同波形参数的相同类型的波形的集合。在本书的这一部分，我们提出了几种基于控制理论的不同多基地跟踪场景的自适应波形选择算法。

此部分的目的是通过最小化目标状态误差协方差矩阵的迹，使目标运动状态估计在直角坐标系中的均方误差达到最小，目标状态误差协方差矩阵可以利用雷达测量误差的 CRLB，从跟踪算法的更新方程中计算得到。

第 2 章

多基地雷达跟踪机动目标波形选择

2.1 引言和系统概述

本章讨论由单发射站(Tx)和多接收站(Rx)组成的多基地雷达系统跟踪机动目标的自适应波形选择问题。系统配置如图 2.1 所示。每个接收站接收目标反射回波信号,由天线阵列进行估计处理得到时延、多普勒频移和到达角。然后,由接收站将其测量值传送给位于发射站站点的中央处理器,进行目标跟踪和波形选择。为了跟踪机动目标,采用了多模型交互式(IMM)算法[23-24,35],进行波形选择,确定下一个要发送的波形,以使目标状态估计的均方误差(MSE)最小。

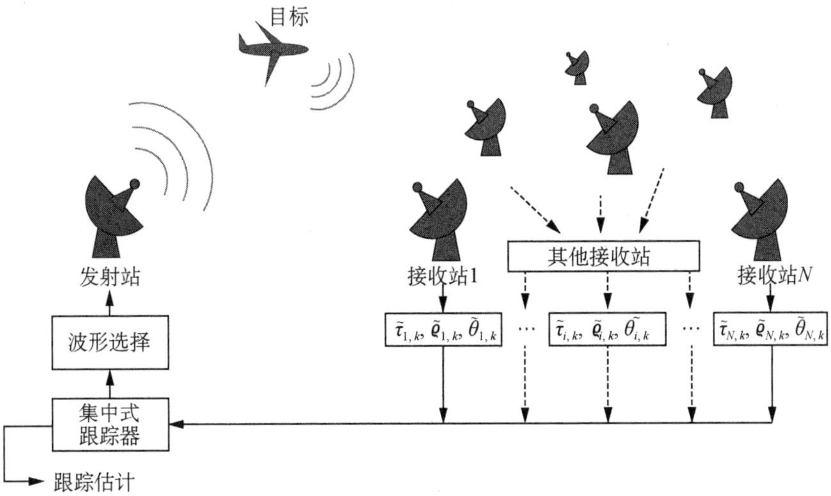

图 2.1　多基地跟踪雷达系统配置

为简单起见,我们考虑采用图 2.2 所示"雷达-目标"几何位置的二维跟踪场景。将问题扩展到三维场景是很简单的。图 2.2 中,$\boldsymbol{p}_k=[p_{x,k}, p_{y,k}]^{\mathrm{T}}$ 和 $\boldsymbol{v}_k=[v_{x,k}, v_{y,k}]^{\mathrm{T}}$ 表示瞬时离散时刻 k 的位置和速度 ($k \in \{0, 1, 2, \cdots\}$)。

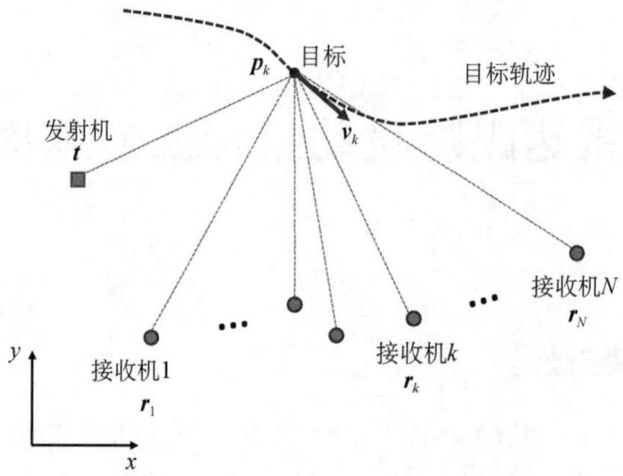

图 2.2　目标跟踪几何位置二维图

发射站用 $\boldsymbol{t}=[t_x, t_y]^{\mathrm{T}}$ 表示，接收站位置用 $\boldsymbol{r}_i=[r_{x,i}, r_{y,i}]^{\mathrm{T}}(i=1, \cdots, N)$ 表示，其中 i 表示接收站序号。

2.2　双基地雷达测量

每个接收站与发射站协作以形成双独立收发通道。接收站 i 测量 k 时刻的时延、多普勒频移和到达角为：

$$\tilde{\tau}_{i,k}=\tau_{i,k}+e_{\tau,i,k}, \tag{2.1a}$$

$$\tilde{\varrho}_{i,k}=\varrho_{i,k}+e_{\varrho,i,k}, \tag{2.1b}$$

$$\tilde{\theta}_{i,k}=\theta_{i,k}+e_{\theta,i,k} \tag{2.1c}$$

式中，

$$\tau_{i,k}=\frac{1}{c}(\|\boldsymbol{p}_k-\boldsymbol{t}\|+\|\boldsymbol{p}_k-\boldsymbol{r}_i\|), \tag{2.2a}$$

$$\varrho_{i,k}=\frac{f_{\mathrm{o}}}{c}\left[\frac{(\boldsymbol{p}_k-\boldsymbol{t})^{\mathrm{T}}\boldsymbol{v}_k}{\|\boldsymbol{p}_k-\boldsymbol{t}\|}+\frac{(\boldsymbol{p}_k-\boldsymbol{r}_i)^{\mathrm{T}}\boldsymbol{v}_k}{\|\boldsymbol{p}_k-\boldsymbol{r}_i\|}\right], \tag{2.2b}$$

$$\theta_{i,k}=\tan^{-1}\left(\frac{p_{y,k}-r_{y,i}}{p_{x,k}-r_{x,i}}\right) \tag{2.2c}$$

式中，f_{o} 为发射频率，c 为信号传播速度，$\tan^{-1}(\cdot)$ 为四象限反正切函数。$\|\cdot\|$ 为欧几里得范数。

在式(2.1)中，$e_{\tau,i,k}$，$e_{\varrho,i,k}$ 和 $e_{\theta,i,k}$ 的测量误差的方差在建模时认定为零，均为高斯随机变量。

当雷达在近似低噪声条件下测量时，其 CRLB 遵循文献[28-31,36]来假设，雷达测量误差的方差 $e_{\tau,i,k}$，$e_{\varrho,i,k}$ 和 $e_{\theta,i,k}$ 可以用它们相应的 CRLB 来近似。需要强调的是，已知雷达的测量误差和 CRLB 取决于雷达发射波形[19]。这种相关性将在下一节中进一步讨论，其中时延和多普勒频移的 CRLB 明确表示为发射波形的函数。

2.3　双基地雷达模糊度函数与克拉美罗下界

模糊度函数定义为雷达发射波形的复包络 $u(t)$ 与其时频位移副本信号[19]之间相关性的绝对值，即

$$\Theta(\tau_H, \varrho_H) = \left| \int_{-\infty}^{\infty} u(t-\tau_A) u^*(t-\tau_H) e^{-\mathrm{j}2\pi(\varrho_H-\varrho_A)} \mathrm{d}t \right| \tag{2.3}$$

其中，τ_A 和 ϱ_A 分别表示实际时延和多普勒频移，而 τ_H 和 ϱ_H 分别表示假设时延和多普勒频移。当 $\tau_H = \tau_A$ 且 $\varrho_H = \varrho_A$ 时，模糊函数 $\Theta(\tau_H, \varrho_H)$ 值最小。这里假设满足窄带雷达条件，即发射站信号的时间带宽远小于信号传播速度除以双基地雷达到目标距离所用时间导数。模糊函数的概念最初是为单基地雷达提出的，然而在测量时延和多普勒频移方面，模糊函数也适用于双基地雷达[8,37-39]。由于时延和多普勒频移被直接用作跟踪器的测量输入，因此，可以根据式(2.3)中的模糊函数 $\Theta(\tau_H, \varrho_H)$ 表征测量精度。

给定一个足够高的信噪比，Fisher 信息矩阵 $\boldsymbol{\Phi}_{\{\tau,\varrho\}}$，是 CRLB 矩阵 $\boldsymbol{C}_{\{\tau,\varrho\}}$ 的逆，时延和多普勒平移的测量值是信噪比和模糊函数 $\Theta(\tau_H, \varrho_H)$ [19]二阶导数的函数：

$$\boldsymbol{\Phi}_{\{\tau,\varrho\}} = \boldsymbol{C}_{\{\tau,\varrho\}}^{-1} = -2\eta \left. \begin{bmatrix} \dfrac{\partial^2 \Theta(\tau_H, \varrho_H)}{\partial \tau_H^2} & \dfrac{\partial^2 \Theta(\tau_H, \varrho_H)}{\partial \tau_H \partial \varrho_H} \\ \dfrac{\partial^2 \Theta(\tau_H, \varrho_H)}{\partial \varrho_H \partial \tau_H} & \dfrac{\partial^2 \Theta(\tau_H, \varrho_H)}{\partial \varrho_H^2} \end{bmatrix} \right|_{\tau_H=\tau_A,\ \varrho_H=\varrho_A} \tag{2.4}$$

其中，η 表示接收站的信噪比。需要注意的是，单基地雷达和双基地雷达模糊度函数的时延和多普勒平移具有相同的形式。Fisher 信息矩阵 $\boldsymbol{\Phi}_{\{\tau,\varrho\}}$ 和 CRLB 矩阵 $\boldsymbol{C}_{\{\tau,\varrho\}}$ 在公式(2.4)中给出了时延和多普勒频移，同时适用于单基地和双基地雷达。

由于模糊函数的清晰度由雷达发射波形决定，如公式(2.3)所示，因此，Fisher 信息矩阵 $\boldsymbol{\Phi}_{\{\tau,\varrho\}}$ 和 CRLB 矩阵 $\boldsymbol{C}_{\{\tau,\varrho\}}$ 也都依赖于发射波形。同时，CRLB 矩阵 $\boldsymbol{C}_{\{\tau,\varrho\}}$ 可以表达为接收站信噪比和发射波形参数 $\boldsymbol{\psi}$ 的函数：

$$\boldsymbol{C}_{\{\tau,\varrho\}}(\eta,\boldsymbol{\psi})=\boldsymbol{\Phi}_{\{\tau,\varrho\}}^{-1}(\eta,\boldsymbol{\psi}) \tag{2.5}$$

另一方面，通过天线阵列获得的，用于到达角测量的 CRLB 矩阵与发射波形无关[40-41]，而与接收站信噪比值成反比，即

$$\boldsymbol{C}_{\theta}(\eta)=\frac{\sigma_{\theta}^{2}}{\eta} \tag{2.6}$$

尽管这些结果最初是针对单基地雷达推导得出，但同样适用于双基地雷达，因为双基地雷达对机动目标跟踪的波形选择与单基地雷达在测量时延、多普勒频移和到达角的方面操作相同。

由于用于测量到达角的 CRLB 与用于时延和多普勒频移测量的 CRLB 无关，因此时刻 k 在接收站 i 处获得的时延、多普勒频移和到达角测量的总 CRLB 矩阵由下式给出：

$$\boldsymbol{C}_{i,k}(\eta_{i,k},\boldsymbol{\Psi}_{k})=\mathrm{diag}(\boldsymbol{C}_{\{\tau,\varrho\}}(\eta_{i,k},\boldsymbol{\Psi}_{k}),\boldsymbol{C}_{\theta}(\eta_{i,k})) \tag{2.7}$$

式中，$\eta_{i,k}$ 是 k 时刻接收站 i 的信噪比，$\boldsymbol{\Psi}_{k}$ 是 k 时刻发射波形参数组成的矢量。

2.4 目标跟踪

目标跟踪过程以集中式模式完成，所有接收站接收到雷达测量结果后，通过通信链路节点传输给发射站端。

2.4.1 目标运动模型

假设目标运动符合运动模型：

$$\boldsymbol{x}_{k+1}=\boldsymbol{F}\boldsymbol{x}_{k}+\boldsymbol{\omega}_{k} \tag{2.8}$$

式中，$\boldsymbol{x}_{k}$ 为时刻 k 的目标运动状态向量，$\boldsymbol{F}$ 为状态转移矩阵，$\boldsymbol{\omega}_{k}\sim N(\boldsymbol{0},\boldsymbol{Q})$ 为过程噪声模型，是独立的零均值的高斯随机变量。目标运动状态向量可以包括目标位置、速度、加速度和/或其他目标运动参数，而 $\boldsymbol{F}$ 和 $\boldsymbol{Q}$ 的表达式取决于目标运动参数。下文中，我们总结了文献中广泛使用的三种目标运动模型，包括匀速运动模型、近似匀加速运动模型和近似协调转向模型[23-24,42]。

1. 匀速模型

状态向量为 $\boldsymbol{x}_{k}=[p_{k}^{\mathrm{T}},v_{k}^{\mathrm{T}}]^{\mathrm{T}}$，$\boldsymbol{F}$ 为状态转移矩阵：

$$\boldsymbol{F}=\begin{bmatrix}\boldsymbol{I}_{2\times2} & T\boldsymbol{I}_{2\times2}\\ \boldsymbol{O} & \boldsymbol{I}_{2\times2}\end{bmatrix} \tag{2.9}$$

过程噪声协方差矩阵 $\boldsymbol{Q}$ 为

$$\boldsymbol{Q}=\begin{bmatrix}\frac{T^3}{3}\boldsymbol{Q}_0 & \frac{T^2}{2}\boldsymbol{Q}_0\\ \frac{T^2}{3}\boldsymbol{Q}_0 & T\boldsymbol{Q}_0\end{bmatrix} \tag{2.10}$$

式中，$\boldsymbol{I}$ 和 $\boldsymbol{O}$ 分别为单位矩阵和零矩阵，其维数由上标指定，T 为采样间隔。其中，$\boldsymbol{Q}_0=\mathrm{diag}(q_x, q_y)$，$q_x$ 和 q_y 为过程噪声在 x 和 y 坐标系下的功率谱密度，对应于非未知目标的机动水平。

2. 近似匀加速模型

状态向量为 $\boldsymbol{x}_k=[\boldsymbol{p}_k^{\mathrm{T}}, \boldsymbol{v}_k^{\mathrm{T}}, \boldsymbol{a}_k^{\mathrm{T}}]^{\mathrm{T}}$，其中，$\boldsymbol{a}_k=[\boldsymbol{a}_{x,k}^{\mathrm{T}}, \boldsymbol{a}_{y,k}^{\mathrm{T}}]^{\mathrm{T}}$ 表示目标在时刻 k 的加速度。$\boldsymbol{F}$ 和 $\boldsymbol{Q}$ 的表达式为

$$\boldsymbol{F}=\begin{bmatrix}\boldsymbol{I}_{2\times2} & T\boldsymbol{I}_{2\times2} & \frac{T^2}{2}\boldsymbol{I}_{2\times2}\\ \boldsymbol{O}_{2\times2} & \boldsymbol{I}_{2\times2} & T\boldsymbol{I}_{2\times2}\\ \boldsymbol{O}_{2\times2} & \boldsymbol{O}_{2\times2} & \boldsymbol{I}_{2\times2}\end{bmatrix}, \tag{2.11}$$

$$\boldsymbol{Q}=\begin{bmatrix}\frac{T^5}{20}\boldsymbol{Q}_0 & \frac{T^4}{8}\boldsymbol{Q}_0 & \frac{T^3}{6}\boldsymbol{Q}_0\\ \frac{T^4}{8}\boldsymbol{Q}_0 & \frac{T^3}{3}\boldsymbol{Q}_0 & \frac{T^2}{2}\boldsymbol{Q}_0\\ \frac{T^3}{6}\boldsymbol{Q}_0 & \frac{T^2}{2}\boldsymbol{Q}_0 & T\boldsymbol{Q}_0\end{bmatrix} \tag{2.12}$$

3. 近似协调转向模型

状态向量为 $x_k=[\boldsymbol{p}_k^{\mathrm{T}}, \boldsymbol{v}_k^{\mathrm{T}}]^{\mathrm{T}}$，$\boldsymbol{F}$ 为状态转移矩阵：

$$\boldsymbol{F}=\begin{bmatrix}1 & 0 & \frac{\sin(\omega T)}{\omega} & -\frac{1-\cos(\omega T)}{\omega}\\ 0 & 1 & \frac{1-\cos(\omega T)}{\omega} & \frac{\sin(\omega T)}{\omega}\\ 0 & 0 & \cos(\omega T) & -\sin(\omega T)\\ 0 & 0 & \sin(\omega T) & \cos(\omega T)\end{bmatrix} \tag{2.13}$$

过程噪声协方差矩阵$\boldsymbol{Q}$：

$$\boldsymbol{Q}=q\begin{bmatrix}Q_{11} & Q_{12} & Q_{13} & Q_{14}\\ Q_{21} & Q_{22} & Q_{23} & Q_{24}\\ Q_{31} & Q_{32} & Q_{33} & Q_{34}\\ Q_{41} & Q_{42} & Q_{43} & Q_{44}\end{bmatrix}, \tag{2.14}$$

$$Q_{11}=Q_{22}=\frac{2[\omega T-\sin(\omega T)]}{\omega^{3}}, \tag{2.15a}$$

$$Q_{12}=Q_{21}=Q_{34}=Q_{43}=0, \tag{2.15b}$$

$$Q_{13}=Q_{24}=Q_{31}=Q_{42}=\frac{1-\cos(\omega T)}{\omega^{2}}, \tag{2.15c}$$

$$Q_{14}=Q_{41}=\frac{\omega T-\sin(\omega T)}{\omega^{2}}, \tag{2.15d}$$

$$Q_{23}=Q_{32}=-\frac{\omega T-\sin(\omega T)}{\omega^{2}}, \tag{2.15e}$$

$$Q_{33}=Q_{44}=T \tag{2.15f}$$

式中，角速度ω假定为已知常量。当角速度ω为非常数时，近似协调转向模型为非线性模型，角速度ω成为一个增强目标状态向量的因素。

在实际应用中，单一的运动模型并不总能捕捉到目标真实复杂运动状态，因为目标可能会做匀速直线运动、转向或加速。从这个意义上讲，我们希望使用IMM算法[23-24,35,43]来同时处理多个目标运动模型是可取的。在本章中，我们用M表征目标运动模型的数量，$\boldsymbol{F}_m$和$\boldsymbol{Q}_m$表示第M个运动模型的状态转移矩阵和过程噪声协方差矩阵。

2.4.2 观测模型

将式(2.1a)与c相乘，将式(2.1b)与c/f_o相乘，分别给出目标相对于双基地雷达发射站和接收站i的距离和距离分辨单元表达式：

$$\tilde{d}_{i,k}=d_{i,k}+e_{d,i,k}, \tag{2.16a}$$

$$\tilde{\rho}_{i,k}=\rho_{i,k}+e_{\rho,i,k} \tag{2.16b}$$

其中，

$$\tilde{d}_{i,k} = c\tilde{\tau}_{i,k},\ d_{i,k} = c\tau_{i,k},\ e_{d,i,k} = ce_{\tau,i,k} \tag{2.17a}$$

$$\tilde{\rho}_{i,k} = c\tilde{\varrho}_{i,k}/f_\mathrm{o},\ \rho_{i,k} = c\varrho_{i,k}/f_\mathrm{o},\ e_{\rho,i,k} = ce_{\varrho,i,k}/f_\mathrm{o} \tag{2.17b}$$

叠加 $\tilde{d}_{i,k}$、$\tilde{\rho}_{i,k}$ 和 $\tilde{\theta}_{i,k}$ 共同组成时刻 k 接收站 i 处的测量矢量：

$$\begin{aligned}\tilde{\boldsymbol{y}}_{i,k} &= [\tilde{d}_{i,k},\ \tilde{\rho}_{i,k},\ \tilde{\theta}_{i,k}]^\mathrm{T} = \boldsymbol{y}_{i,k} + \boldsymbol{e}_{i,k} \\ &= [d_{i,k},\ \rho_{i,k},\ \theta_{i,k}]^\mathrm{T} + [e_{d,i,k},\ e_{\rho,i,k},\ e_{\theta,i,k}]^\mathrm{T}\end{aligned} \tag{2.18}$$

叠加来自所有接收站器，时刻 k 总测量向量为

$$\begin{aligned}\tilde{\boldsymbol{y}}_{i,k} &= [\tilde{\boldsymbol{y}}_{1,k}^\mathrm{T},\ \cdots,\ \tilde{\boldsymbol{y}}_{N,k}^\mathrm{T}]^\mathrm{T} = \boldsymbol{y}_k + \boldsymbol{e}_k \\ &= [\boldsymbol{y}_{1,k}^\mathrm{T},\ \cdots,\ \boldsymbol{y}_{N,k}^\mathrm{T}]^\mathrm{T} + [\boldsymbol{e}_{1,k}^\mathrm{T},\ \cdots,\ \boldsymbol{e}_{N,k}^\mathrm{T}]^\mathrm{T}\end{aligned} \tag{2.19}$$

由于雷达测量误差在不同接收站之间是独立的，因此 $\boldsymbol{e}_k$ 的协方差矩阵为

$$\boldsymbol{R}_k = \boldsymbol{E}\{\boldsymbol{e}_k\boldsymbol{e}_k^\mathrm{T}\} = \mathrm{diag}\{\boldsymbol{R}_{1,k},\ \cdots,\ \boldsymbol{R}_{N,k}\} \tag{2.20}$$

式中，每个接收站的协方差矩阵 $\boldsymbol{R}_{i,k}$ 由相应的 CRLB 矩阵 $\boldsymbol{C}_{i,k}$ 计算得到

$$\boldsymbol{R}_{i,k} = \boldsymbol{\Gamma}\boldsymbol{C}_{i,k}\boldsymbol{\Gamma} \tag{2.21}$$

式中，$\boldsymbol{\Gamma}$ 是 $\boldsymbol{\Gamma} = \mathrm{diag}(c,\ c/f_\mathrm{o},\ 1)$，反映了从 $\{\tilde{\tau}_{i,k},\ \tilde{\varrho}_{i,k}\}$ 到 $\{\tilde{d}_{i,k},\ \tilde{\rho}_{i,k}\}$ 的变换。

注意，$\boldsymbol{C}_{i,k}$ 是 $\eta_{i,k}$ 和 $\boldsymbol{\Psi}_k$ 的函数，如第 2.3 节所述；因此，$\boldsymbol{R}_k$ 是 $\eta_{1,k}$，⋯，$\eta_{N,k}$ 和 $\boldsymbol{\Psi}_k$ 的函数。由于这里的主要研究是通过波形自适应选择优化跟踪性能，因此我们仅显式地将 $\boldsymbol{R}_k(\boldsymbol{\Psi}_k)$ 表示为 $\boldsymbol{\Psi}_k$（即发射波形参数矢量）的函数。

2.4.3　交互多模型——扩展卡尔曼滤波器

由于雷达测量矢量 $\boldsymbol{y}_k$ 是目标状态 $\boldsymbol{x}_k$ 的非线性函数[式(2.1)～式(2.2)和式(2.16)～式(2.19)]，因此，必须使用非线性跟踪算法。在各种可用选项中，扩展卡尔曼滤波器(EKF)在计算效率上高于其他更复杂的非线性卡尔曼滤波算法，如 σ 点卡尔曼滤波、无迹、立体卡尔曼滤波和粒子滤波。对于目标跟踪问题，由于多基地雷达提供的空间分集的优势，EKF 可以产生良好的跟踪性能，计算第 m 个目标运动模型的 EKF 估计的方法如下：

$$\hat{\boldsymbol{x}}_{m,k+1|k} = \boldsymbol{F}_m\hat{\boldsymbol{x}}_{m,k|k}, \tag{2.22a}$$

$$\boldsymbol{P}_{m,k+1|k} = \boldsymbol{F}_m\boldsymbol{P}_{m,k|k}\boldsymbol{F}_m^\mathrm{T} + \boldsymbol{Q}_m, \tag{2.22b}$$

$$\boldsymbol{S}_{m,\,k+1}(\boldsymbol{\Psi}_{k+1})=\boldsymbol{H}_{m,\,k+1}\boldsymbol{P}_{m,\,k+1|k}\boldsymbol{H}_{m,\,k+1}^{\mathrm{T}}+\boldsymbol{R}_{m,\,k+1}(\boldsymbol{\Psi}_{k+1}),\tag{2.22c}$$

$$\boldsymbol{K}_{m,\,k+1}(\boldsymbol{\Psi}_{k+1})=\boldsymbol{P}_{m,\,k+1|k}\boldsymbol{H}_{m,\,k+1}^{\mathrm{T}}\boldsymbol{S}_{m,\,k+1}^{-1}(\boldsymbol{\Psi}_{k+1}),\tag{2.22d}$$

$$\tilde{\boldsymbol{z}}_{m,\,k+1}=\tilde{\boldsymbol{y}}_{k+1}-\boldsymbol{y}_{k+1}(\hat{\boldsymbol{x}}_{m,\,k+1|k}),\tag{2.22e}$$

$$\hat{\boldsymbol{x}}_{m,\,k+1|k+1}(\boldsymbol{\Psi}_{k+1})=\hat{\boldsymbol{x}}_{m,\,k+1|k}+\boldsymbol{K}_{m,\,k+1}(\boldsymbol{\Psi}_{k+1})\tilde{\boldsymbol{z}}_{m,\,k+1},\tag{2.22f}$$

$$\boldsymbol{P}_{m,\,k+1|k+1}(\boldsymbol{\Psi}_{k+1})=(\boldsymbol{I}-\boldsymbol{K}_{m,\,k+1}(\boldsymbol{\Psi}_{k+1})\boldsymbol{H}_{m,\,k+1})\boldsymbol{P}_{m,\,k+1|k}\tag{2.22g}$$

式中，$\hat{\boldsymbol{x}}_{m,\,k|j}$ 和点 $\boldsymbol{P}_{m,\,k|j}$ 分别为时刻 $k(0,\ 1,\ \cdots,\ j)$ 的状态估计和误差协方差，$\boldsymbol{H}_{m,\,k+1}=\boldsymbol{H}_{k+1}(\hat{x}_{m,\,k+1|k})$ 是雅可比矩阵，$\boldsymbol{H}_{k+1}$ 为 y_{k+1} 在 $\boldsymbol{x}_{k+1}$ 处的值。雅可比矩阵 $\boldsymbol{H}_{k+1}$ 的表达式见第 2.8 节(附录)。

为了跟踪机动目标，我们采用融合多个目标运动模型的 IMM 算法。IMM 算法是一种通过并行运行多个滤波器来组合多个状态假设的技术，以达到对动态变化的目标获得更好的状态估计[23-24,35,43]。具体来说，IMM 算法将目标的动态运动视为多个切换模型：

$$\boldsymbol{x}_{k+1}=\boldsymbol{F}(m_{k+1})\boldsymbol{x}_k+\boldsymbol{w}_k(m_{k+1})\tag{2.23}$$

式中，m_{k+1} 是有限状态马尔可夫链 $(m_{k+1}\in\{1,\ \cdots,\ M\})$，遵循从模型 l 转换到模型 m 的 p_{lm} 跃迁概率，过程噪声 $\boldsymbol{w}_k(m_{k+1})$ 的协方差矩阵由 $E\{\boldsymbol{w}_k(m_{k+1}=l)\boldsymbol{w}_k^{\mathrm{T}}(m_{k+1}=l)\}=\boldsymbol{Q}(m_{k+1}=l)$ [35]决定。

给定了模型条件下的状态估计 $\hat{\boldsymbol{x}}_{m,\,k|k}$、误差协方差 $\boldsymbol{P}_{m,\,k|k}$ 和模型概率估计 $(\mu_{m,\,k|k})$，其中 $m=1,\ 2,\ \cdots,\ M$。从上一个时刻 k 开始，IMM 算法在第 $k+1$ 时刻的状态估计如下：

(1) 混合状态估计。

——计算预测模型概率

$$\mu_{m,\,k+1|k}=\sum_{l=1}^{M}p_{lm}\mu_{l,\,k|k}\tag{2.24}$$

——计算条件模型概率

$$\mu_{l|m,\,k|k}=\frac{1}{\mu_{m,\,k+1|k}}p_{lm}\mu_{l,\,k|k}\tag{2.25}$$

——计算混合估计值和协方差

$$\hat{\boldsymbol{x}}_{m*,\,k|k}=\sum_{l=1}^{M}\mu_{l|m,\,k|k}\hat{\boldsymbol{x}}_{l,\,k|k}\tag{2.26a}$$

$$\boldsymbol{P}_{m*,\,k|k}=\sum_{l=1}^{M}\mu_{l|m,\,k|k}(\boldsymbol{P}_{l,\,k|k}+(\hat{\boldsymbol{x}}_{l,\,k|k}-\hat{\boldsymbol{x}}_{m*,\,k|k})(\hat{\boldsymbol{x}}_{l,\,k|k}-\hat{\boldsymbol{x}}_{m*,\,k|k})^{\mathrm{T}})\tag{2.26b}$$

(2) 模型条件更新。

——混合估计 $\hat{\boldsymbol{x}}_{m*,\,k|k}$ 和协方差 $\boldsymbol{P}_{m*,\,k|k}$ 用作 m 维扩展卡尔曼滤波的输入，用于计算时刻 $k+1$ 的状态估计 $\hat{\boldsymbol{x}}_{m*,\,k+1|k+1}$ 和误差协方差 $\boldsymbol{P}_{m,\,k+1|k+1}$。

(3) 模型似然计算。

$$\Lambda_{m,\,k+1}=|\,2\pi\boldsymbol{S}_{m,\,k+1}\,|^{-\frac{1}{2}}\exp\left\{-\frac{1}{2}\tilde{\boldsymbol{z}}_{m,\,k+1}^{\mathrm{T}}(\boldsymbol{S}_{m,\,k+1})^{-1}\tilde{\boldsymbol{z}}_{m,\,k+1}\right\}\tag{2.27}$$

式中，$|\cdot|$为行列式。

(4) 模型概率更新。

$$\mu_{m,\,k+1|k+1}=\frac{1}{\kappa}\mu_{m,\,k+1|k}\Lambda_{m,\,k+1}\tag{2.28}$$

式中，κ 为归一化因子，由如下公式给出：

$$\kappa=\sum_{l=1}^{M}\mu_{l,\,k+1|k}\Lambda_{l,\,k+1}\tag{2.29}$$

(5) 状态估计组合。

$$\hat{\boldsymbol{x}}_{\mathrm{IMM},\,k+1|k+1}=\sum_{m=1}^{M}\mu_{m,\,k+1|k+1}\hat{\boldsymbol{x}}_{m,\,k+1|k+1},\tag{2.30a}$$

$$\boldsymbol{P}_{\mathrm{IMM},\,k+1|k+1}=\sum_{m=1}^{M}\mu_{m,\,k+1|k+1}(\boldsymbol{P}_{m,\,k+1|k+1}+\Delta\hat{\boldsymbol{x}}_{m,\,k+1|k+1}\Delta\hat{\boldsymbol{x}}_{m,\,k+1|k+1}^{\mathrm{T}})\tag{2.30b}$$

式中，$\Delta\hat{\boldsymbol{x}}_{m,\,k+1|k+1}=\hat{\boldsymbol{x}}_{m,\,k+1|k+1}-\hat{\boldsymbol{x}}_{\mathrm{IMM},\,k+1|k+1}$。

2.5　自适应波形选择

自适应波形选择的准则是跟踪性能由发射波形参数决定(即状态估计误差协方差矩阵)。为了更清楚地看到这种关系，从式(2.20)中可知，在时刻 $k+1$，保证协方差矩阵 $\boldsymbol{R}_{k+1}(\boldsymbol{\psi}_{k+1})$ 是发射波形参数向量 $\boldsymbol{\psi}_{k+1}$ 的函数。因此，IMM-EKF 算法的第 m 个扩展卡尔曼滤波分量的误差协方差的状态估计值明显依赖于 $k+1$ 时刻的 $\boldsymbol{\psi}_{k+1}$，如式(2.22)所示。进而组合状态误差协方差矩阵

$\boldsymbol{P}_{\mathrm{IMM},\,k+1|k+1}$ 也是 $\boldsymbol{\psi}_{k+1}$ 的函数。基于这种相关性，跟踪性能可以通过自适应地调整下一时刻 $k+1$ 发射波形参数来优化。

自适应波形选择的准则是：最小化目标状态估计的 MSE，等效于最小化状态估计的误差协方差矩阵的迹。由于机动目标跟踪问题存在不止一个误差协方差矩阵，即假设模型为 $\boldsymbol{P}_{1,\,k+1|k+1}$，$\boldsymbol{P}_{2,\,k+1|k+1}$，…，$\boldsymbol{P}_{M,\,k+1|k+1}$，而 $\boldsymbol{P}_{\mathrm{IMM},\,k+1|k+1}$ 为组合状态估计，必须采用一个矩阵来表征跟踪性能，有以下三种方式[44]：

(1) 与动态模型对应的最大似然协方差(也是预测准确率最高的模型)。

$$\boldsymbol{P}_{\text{Most-likely},\,k+1|k+1}=\boldsymbol{P}_{m^{\diamond},\,k+1|k+1} \tag{2.31}$$

式中，

$$m^{\diamond}=\underset{m}{\operatorname{argmax}}\,\mu_{m,\,k+1|k+1} \tag{2.32}$$

(2) 与最大协方差的迹的值对应的极大极小协方差。

$$\boldsymbol{P}_{\text{Mini max},\,k+1|k+1}=\boldsymbol{P}_{m^{\triangleright},\,k+1|k+1} \tag{2.33}$$

式中，

$$m^{\triangleright}=\underset{m}{\operatorname{argmax}}\{\operatorname{trace}(\boldsymbol{P}_{m,\,k+1|k+1})\} \tag{2.34}$$

(3) 预测组合协方差矩阵 $\boldsymbol{P}_{\mathrm{IMM},\,k+1|k}$。

定义如下：

$$\hat{\boldsymbol{x}}_{\mathrm{IMM},\,k+1|k}=\sum_{m=1}^{M}\mu_{m,\,k+1|k}\hat{\boldsymbol{x}}_{m,\,k+1|k}, \tag{2.35a}$$

$$\boldsymbol{P}_{\mathrm{IMM},\,k+1|k}=\sum_{m=1}^{M}\mu_{m,\,k+1|k}[\boldsymbol{P}_{m,\,k+1|k+1}+(\hat{\boldsymbol{x}}_{m,\,k+1|k}-\hat{\boldsymbol{x}}_{\mathrm{IMM},\,k+1|k})(\hat{\boldsymbol{x}}_{m,\,k+1|k}-\hat{\boldsymbol{x}}_{\mathrm{IMM},\,k+1|k})^{\mathrm{T}}] \tag{2.35b}$$

请注意，IMM 估计滤波后的误差协方差 $\boldsymbol{P}_{\mathrm{IMM},\,k+1|k+1}$ 无法被采用，是因为从 k 时刻波形选择步骤中难以得到测量向量 $\tilde{\boldsymbol{y}}_{k+1}$。

从上述三个协方差矩阵中，选择协方差矩阵用 $\boldsymbol{P}^{*}_{\mathrm{IMM},\,k+1|k+1}$ 表示自适应波形选择，可将波形优化问题定义为

$$\boldsymbol{\Psi}^{\mathrm{opt}}_{k+1}=\underset{\psi\in\boldsymbol{\Psi}}{\operatorname{argmin}}\{\operatorname{trace}(\boldsymbol{P}^{*}_{k+1|k+1}(\boldsymbol{\Psi}))\} \tag{2.36}$$

式中，$\boldsymbol{\Psi}$ 是可能的波形库。波形库可以包括多个不同的雷达波形种类或单个雷达波形种类的不同波形参数。注意，该波形选择步骤，在 k 时刻之后或 $k+1$ 时

刻波形发射之前执行。

2.6 仿真示例

图 2.3 描述了 1 个发射站位置位于 $\boldsymbol{t}=[0, 0]^{\mathrm{T}}$ m，4 个接收站位置分别位于 $\boldsymbol{r}_1=[20\,000, 0]^{\mathrm{T}}$，$\boldsymbol{r}_2=[10\,000, 15\,000]^{\mathrm{T}}$，$\boldsymbol{r}_3=[20\,000, -5\,000]^{\mathrm{T}}$ 和 $\boldsymbol{r}_4=[0, 10\,000]^{\mathrm{T}}$ m 的模拟跟踪场景。在初始速度为 $\boldsymbol{v}^0=[-400, -200]^{\mathrm{T}}$ m/s 时，从初始位置 $\boldsymbol{p}_0=[27\,000, 7\,000]^{\mathrm{T}}$ m 处，目标符合 $q_x=q_y=q=10\ \mathrm{m}^2/\mathrm{s}^3$ 近似匀速运动航迹。从 $t=11$ s 起，目标在 $t=12$ s 时，转向后，目标符合 $q=10\ \mathrm{m}^2/\mathrm{s}^3$ 近似匀速运动模型。

在这个模拟中，发射站发射高斯线性频率调制（LFM）脉冲。LFM 脉冲的复包络可见[19]。

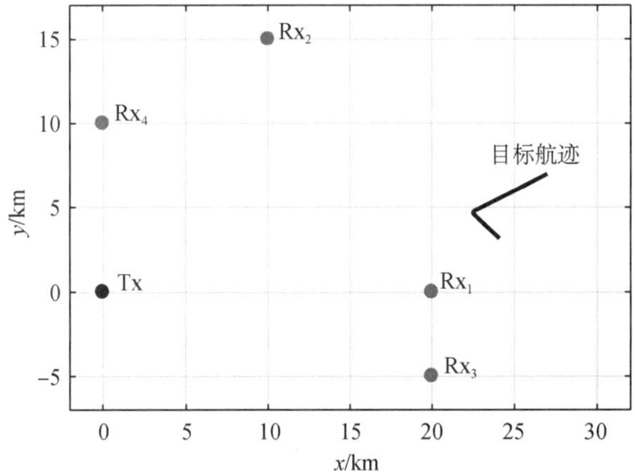

图 2.3　模拟目标跟踪位置示意图

$$\hat{s}(t)=\left(\frac{1}{\pi\lambda^2}\right)^{\frac{1}{4}}\exp\left[-\left(\frac{1}{2\lambda^2}-\mathrm{j}2\pi b\right)t^2\right] \tag{2.37}$$

式中，λ 为高斯脉冲长度参数，$b=\dfrac{\Delta_F}{2T_s}$ 为调频速率。这里，Δ_F 是扫描频率，T_s 为有效脉冲持续时间，近似值为 $7.433\,8\lambda$[28]。我们采用基于 λ 和 Δ_F 的波形，即发射波形参数向量 $\boldsymbol{\psi}=[\lambda, \Delta_F]^{\mathrm{T}}$，$\lambda\in\{20, 30, 40, 50, 60\}\mu$s，$\Delta_F\in\{0.1, 0.325, 0.55, 0.775, 1\}$MHz。波形选择通过网络搜索完成。发射频率为 $f_c=12$ GHz，脉冲重复间隔和采样间隔为 $T=200$ ms，信号传播速度为 $c=3\times$

10^8 m/s。

对于 LFM 脉冲，CRLB 矩阵 $\boldsymbol{C}_{\{\tau,\varrho\}}$ 时延和多普勒频移由文献[28]给出：

$$\boldsymbol{C}_{\{\tau,\varrho\}}=\frac{1}{\eta}\begin{bmatrix}2\lambda^2 & -4b\lambda^2\\ -4b\lambda^2 & \dfrac{1}{2\pi^2\lambda^2}+8b^2\lambda^2\end{bmatrix} \tag{2.38}$$

因此，测量误差的协方差矩阵 $\boldsymbol{R}_{i,k}$ 变为

$$\boldsymbol{R}_{i,k}=\frac{1}{\eta_{i,k}}\begin{bmatrix}2c^2\lambda^2 & -\dfrac{4bc^2\lambda^2}{f_\circ} & 0\\ -\dfrac{4bc^2\lambda^2}{f_\circ} & \dfrac{c^2}{f_\circ^2}\left(\dfrac{1}{2\pi^2\lambda^2}+8b^2\lambda^2\right) & 0\\ 0 & 0 & \sigma_\theta^2\end{bmatrix} \tag{2.39}$$

时刻 k 接收站 i 的信噪比可建模为

$$\eta_{i,k}=\frac{d_0^4}{\|\boldsymbol{p}_k-\boldsymbol{t}\|^2\|\boldsymbol{p}_k-\boldsymbol{r}_i\|^2} \tag{2.40}$$

在仿真中，设置 $\sigma_\theta=0.04$ rad，$d_0=80\,000$ m。

在本节中，IMM 算法利用了 2 个具有不同过程噪声水平的近似匀速模型，来表征目标运动状态：

模型 1：用于模拟过程噪声弱小的目标匀速运动。

模型 2：用于模拟过程噪声较大的目标机动运动(如转向或加速)。

具体来说，设定模型 1 的 $q_x=q_y=q=10\ \mathrm{m^2/s^3}$，模型 2 的 $q=100\,000\ \mathrm{m^2/s^3}$。在更一般的情况下，可以将其他目标运动模型添加到模型列表中，通过并行运行其他跟踪滤波器完成多目标运动状态模拟。模型 1 的初始模型概率设置为 $\mu_{1,0|-1}=0.9$，模型 2 的初始模型概率设置为 $\mu_{2,0|-1}=0.1$。模型 1 和模型 2 之间的转移概率矩阵设置为

$$\boldsymbol{p}_{lm}=\begin{bmatrix}0.9 & 0.1\\ 0.2 & 0.8\end{bmatrix} \tag{2.41}$$

跟踪参数初始化为 $\hat{\boldsymbol{x}}_{1,0|-1}=\hat{\boldsymbol{x}}_{2,0|-1}=\hat{\boldsymbol{x}}_{0|-1}$，它来自平均值为 $\boldsymbol{x}_0$ 的正态分布，协方差为 $\boldsymbol{P}_{0|-1}=\mathrm{diag}(1\,000^2,\ 1\,000^2,\ 50^2,\ 50^2)$。

为了便于比较，目标状态估计 $\hat{\boldsymbol{x}}_{\mathrm{IMM},k|k}$ 的均方根误差(RMSE)通过运行 $N_{\mathrm{MC}}=2\,000$ 蒙特卡罗(Monte Carlo)仿真得到：

$$\mathrm{RMSE}_k = \left(\frac{1}{N_{MC}}\sum_{n=1}^{N_{MC}} \| \hat{\boldsymbol{x}}_{\mathrm{IMM},\,k|k}^{\langle n\rangle} \|^2\right)^{\frac{1}{2}} \tag{2.42}$$

式中，$\boldsymbol{x}_k^{\langle n\rangle}$ 和 $\hat{\boldsymbol{x}}_{\mathrm{IMM},\,k|k}^{\langle n\rangle}$ 表示蒙特卡罗仿真运行第 n 次，k 时刻的目标状态向量真值和估值。

自适应波形与固定波形

图 2.4 比较了不同波形选择性能，其中有 2.5 节中提出的 RMSE 自适应波形选择方案的性能，两种具有最小和最大时间带宽(TB)乘积的固定波形选择方案的性能。还比较了基于最小化观测误差协方差矩阵 $\boldsymbol{R}_{k+1}$ 迹的自适应波形选择方案性能。值得注意的是，$t=11\sim12$ s 时目标转向运动导致了跟踪性能下降。从图 2.4 中可以看出，在自适应波形选择方案中，最似然状态协方差矩阵和状态约束协方差矩阵的迹最小，RMSE 性能最佳。即目标转向运动后，这两种波形选择方案的 RMSE 性能比其他方案恢复得更快。

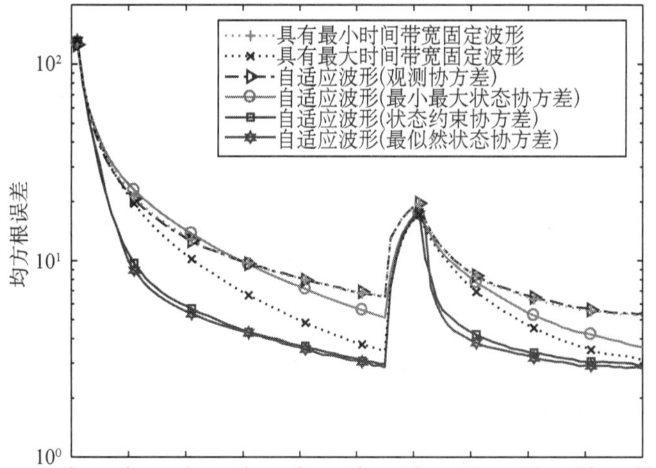

图 2.4　IMM-EKF 不同波形的性能对比

更重要的是，从图 2.5 中可以看出，在波形稳定到最大时间带宽积(time-band width, TB)波形前，这些方案在目标转向的初始航迹点和最终稳定航迹点的序列值在 λ 和 Δ_F 之间交替。相反，最小 TB 波形的跟踪性能最差。尽管最大 TB 波形的跟踪性能优于最小 TB 波形跟踪性能，但最大 TB 波形不能提供比基于最似然状态协方差矩阵和状态约束协方差矩阵的自适应波形选择方案一样好的跟踪性能。

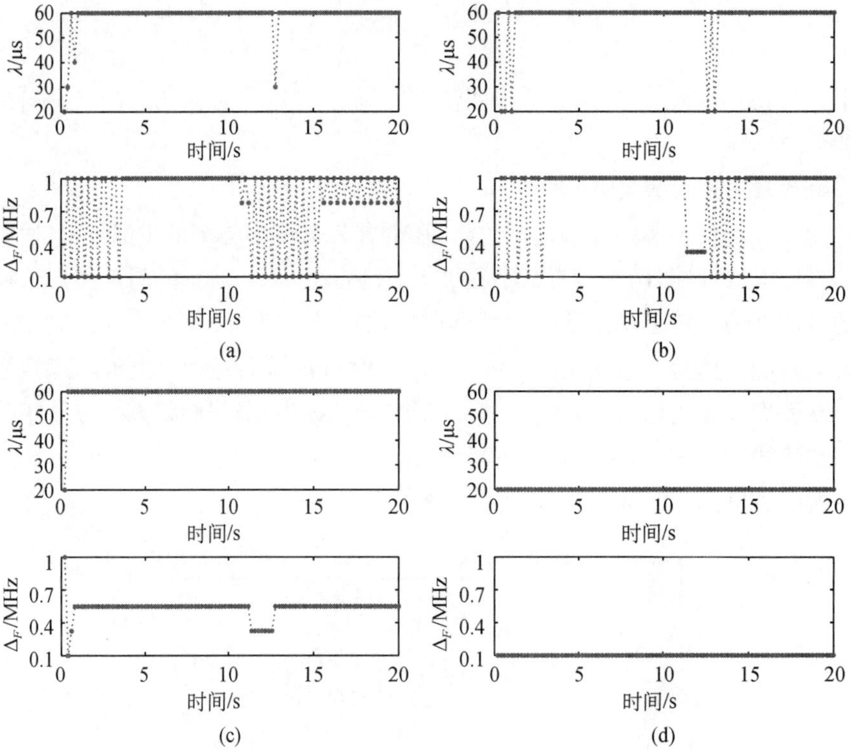

图 2.5　不同自适应波形选择方案的波形参数选取规律

(a) 最小约束状态协方差；(b) 最小化似然状态协方差；
(c) 最小化极小极大状态协方差；(d) 最小化观测协方差

与上面提到的其他两种选择方案相比，基于最小似然协方差矩阵的迹的自适应波形选择方案性能不是很好。其主要原因是，该方案的目标是最小最大状态协方差矩阵的迹，而最大状态协方差矩阵可能并不是 IMM 算法的最优协方差矩阵值。如图 2.6 所示，具有最大协方差迹的动态模型往往模型正确概率较低。

我们还观察到，基于观测误差协方差矩阵的自适应波形选择方案 RMSE 性能较差。在单基地雷达设置[28]中也得到了类似的观测结果。即该选择方案的 RMSE 性能与最小 TB 波形的 RMSE 性能几乎相同。如图 2.5 所示，可以通过观察该方案总是选择最小 TB 波形来解释这一点。

IMM-EKF 和 EKF 对比：现在检验自适应波形选择方案的性能，如果只有一个 EKF 被用于目标跟踪。在这里，使用 $q=10\ \mathrm{m}^2/\mathrm{s}^3$ 的近似匀速运动 EKF 模型。在这种情况下，当只使用一个目标动态模型时，似然矩阵、极大极小矩阵和

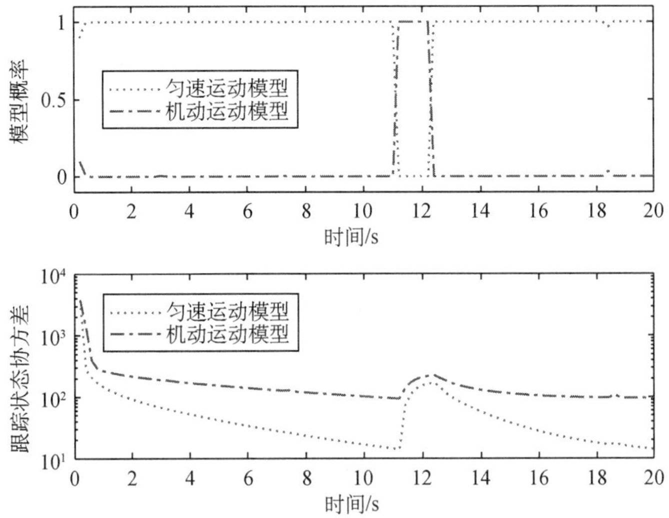

图 2.6　当波形选择是基于极小极大状态协方差矩阵时，匀速运动和机动运动模型的模型概率和状态协方差迹

组合协方差矩阵变得相同。图 2.7 绘制了自适应波形选择方法与最小和最大 TB 波形的 RMSE 性能对比图。尽管自适应波形选择方案在前 10 秒内优于固定波形，但在目标转向后性能较差。此外，我们还观察到 λ 和 Δ_F 的交替序列在目标转向后的航迹恢复期间不再发生，如在 IMM-EKF 的情况一样。我们可以通过注意目标状态估计的 RMSE 与目标状态误差协方差矩阵的迹之间的不一致性来解释这一点。如图 2.7 所示，可以观察到，由 EKF 计算的目标状态误差协方差矩阵 $\boldsymbol{P}_{k|k}$ 并没有反映出由目标转向事件引起的真实 RMSE 性能的退化。不幸的是，波形选择方案纯粹根据这个协方差矩阵来决定波形，因此不能使波形适应目标运动的变化。当目标动态发生变化时，导致波形选择方案的 RMSE 性能较差。图 2.8 清晰地展示了结合使用 IMM 与自适应波形选择的优势。

该仿真比较了多基地雷达系统和 4 个独立双基地雷达之间的 RMSE 性能。所有情况都采用了 IMM-EKF 算法和自适应波形选择方案，使组合协方差矩阵的迹最小。

从图 2.9 中可知，多基地雷达系统采用所有接收站进行测量的性能明显优于双基地雷达的测量性能，特别是在 $t = 11 \sim 12$ s 的目标运动变化期间，表现尤为明显。

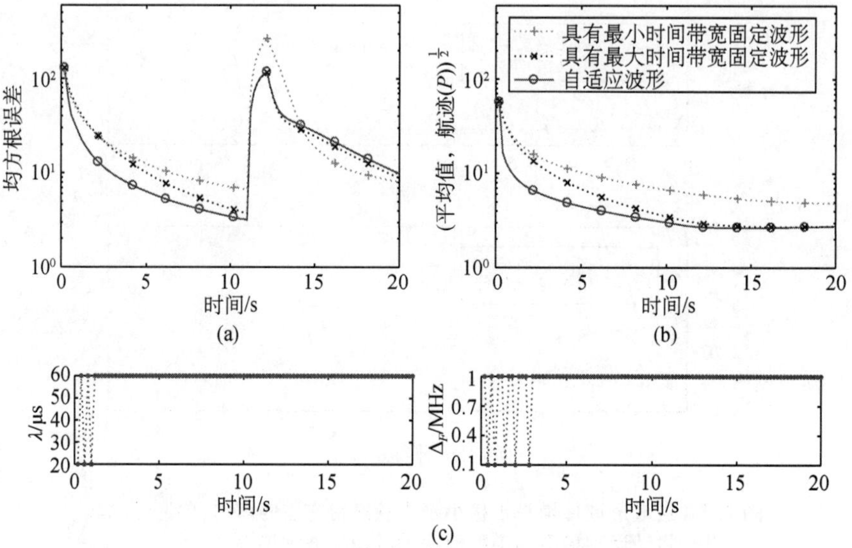

图 2.7　EKF 仿真结果

(a) RMSE 性能；(b) 目标状态误差协方差；(c) 所选波形参数的模式

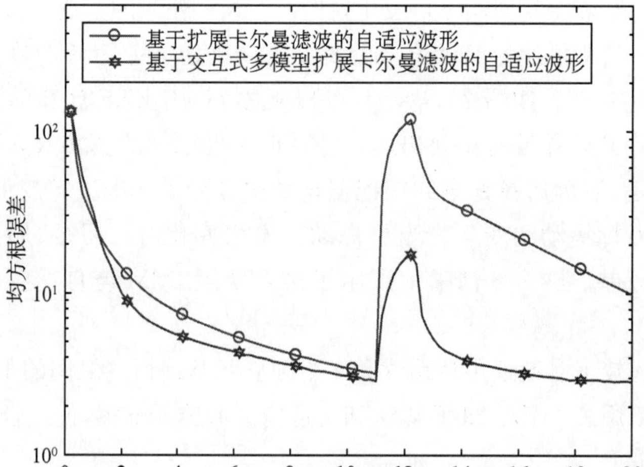

图 2.8　IMM-EKF 算法与 EKF 算法的性能比较

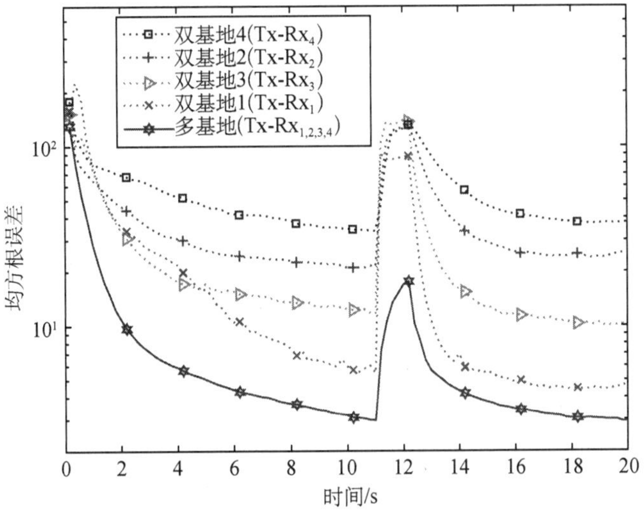

图 2.9　多基地雷达与双基地雷达性能对比

2.7　小结

本章研究了多基地雷达跟踪机动目标的自适应波形选择问题。在最小化最大似然 IMM 算法、极小极大值和组合状态估计误差协方差矩阵迹的基础上，提出了 3 种波形选择方案。通过蒙特卡罗仿真示例，验证了所提出的波形选择方案相对于传统固定波形的性能优势。基于最大似然协方差矩阵和组合协方差矩阵的迹的选择方案表现出最佳的 RMSE 性能，验证了本文提出算法的可行性。

2.8　附录

与 $\boldsymbol{x}_k$ 对应 $\boldsymbol{y}_k$ 的雅可比矩阵 $\boldsymbol{H}_k$ 为

$$\boldsymbol{H}_k = [\boldsymbol{H}_{1,k}^{\mathrm{T}},\ \cdots,\ \boldsymbol{H}_{N,k}^{\mathrm{T}}]^{\mathrm{T}}, \tag{2.43}$$

$$\boldsymbol{H}_{i,k} = \begin{bmatrix} \dfrac{\partial d_{i,k}}{\partial p_{x,k}} & \dfrac{\partial d_{i,k}}{\partial p_{y,k}} & 0 & 0 \\ \dfrac{\partial \rho_{i,k}}{\partial p_{x,k}} & \dfrac{\partial \rho_{i,k}}{\partial p_{y,k}} & \dfrac{\partial \rho_{i,k}}{\partial v_{x,k}} & \dfrac{\partial \rho_{i,k}}{\partial v_{y,k}} \\ \dfrac{\partial \theta_{i,k}}{\partial p_{x,k}} & \dfrac{\partial \theta_{i,k}}{\partial p_{y,k}} & 0 & 0 \end{bmatrix} \tag{2.44}$$

对于状态向量 $\boldsymbol{x}_k = [\boldsymbol{p}_k^{\mathrm{T}},\ \boldsymbol{v}_k^{\mathrm{T}}]^{\mathrm{T}}$：

$$
\boldsymbol{H}_{i,k}=\begin{bmatrix} \dfrac{\partial d_{i,k}}{\partial p_{x,k}} & \dfrac{\partial d_{i,k}}{\partial p_{y,k}} & 0 & 0 & 0 \\ \dfrac{\partial \rho_{i,k}}{\partial p_{x,k}} & \dfrac{\partial \rho_{i,k}}{\partial p_{y,k}} & \dfrac{\partial \rho_{i,k}}{\partial v_{x,k}} & \dfrac{\partial \rho_{i,k}}{\partial v_{y,k}} & 0 \\ \dfrac{\partial \theta_{i,k}}{\partial p_{x,k}} & \dfrac{\partial \theta_{i,k}}{\partial p_{y,k}} & 0 & 0 & 0 \end{bmatrix} \tag{2.45}
$$

对于状态向量 $\boldsymbol{x}_k=[\boldsymbol{p}_k^{\mathrm{T}}, \boldsymbol{v}_k^{\mathrm{T}}, \boldsymbol{a}_k^{\mathrm{T}}]^{\mathrm{T}}$。式(2.44)中的衍生术语和式(2.45)的计算如下：

$$
\frac{\partial d_{i,k}}{\partial p_{x,k}}=\frac{p_{x,k}-t_x}{\|\boldsymbol{p}_k-\boldsymbol{t}\|}+\frac{p_{x,k}-r_{x,i}}{\|\boldsymbol{p}_k-\boldsymbol{r}_i\|}, \tag{2.46a}
$$

$$
\frac{\partial d_{i,k}}{\partial p_{y,k}}=\frac{p_{y,k}-t_y}{\|\boldsymbol{p}_k-\boldsymbol{t}\|}+\frac{p_{y,k}-r_{y,i}}{\|\boldsymbol{p}_k-\boldsymbol{r}_i\|}, \tag{2.46b}
$$

$$
\begin{aligned}
\frac{\partial \rho_{i,k}}{\partial p_{x,k}}=&\frac{(p_{y,k}-t_y)(v_{x,k}(p_{y,k}-t_y)-v_{y,k}(p_{x,k}-t_x))}{\|\boldsymbol{p}_k-\boldsymbol{t}\|^3} \\
&+\frac{(p_{y,k}-r_{y,i})(v_{x,k}(p_{y,k}-r_{y,i})-v_{y,k}(p_{x,k}-r_{x,i}))}{\|\boldsymbol{p}_k-\boldsymbol{r}_i\|^3},
\end{aligned} \tag{2.46c}
$$

$$
\begin{aligned}
\frac{\partial \rho_{i,k}}{\partial p_{y,k}}=&\frac{(p_{x,k}-t_x)(v_{y,k}(p_{x,k}-t_x)-v_{x,k}(p_{y,k}-t_y))}{\|\boldsymbol{p}_k-\boldsymbol{t}\|^3} \\
&+\frac{(p_{x,k}-r_{x,i})(v_{y,k}(p_{x,k}-r_{x,i})-v_{x,k}(p_{y,k}-r_{y,i}))}{\|\boldsymbol{p}_k-\boldsymbol{r}_i\|^3},
\end{aligned} \tag{2.46d}
$$

$$
\frac{\partial \rho_{i,k}}{\partial v_{x,k}}=\frac{p_{x,k}-t_x}{\|\boldsymbol{p}_k-\boldsymbol{t}\|}+\frac{p_{x,k}-r_{x,i}}{\|\boldsymbol{p}_k-\boldsymbol{r}_i\|}, \tag{2.46e}
$$

$$
\frac{\partial \rho_{i,k}}{\partial v_{y,k}}=\frac{p_{y,k}-t_y}{\|\boldsymbol{p}_k-\boldsymbol{t}\|}+\frac{p_{y,k}-r_{y,i}}{\|\boldsymbol{p}_k-\boldsymbol{r}_i\|}, \tag{2.46f}
$$

$$
\frac{\partial \theta_{i,k}}{\partial p_{x,k}}=-\frac{p_{y,k}-r_{y,i}}{\|\boldsymbol{p}_k-\boldsymbol{r}_i\|^2}, \tag{2.46g}
$$

$$
\frac{\partial \theta_{i,k}}{\partial p_{y,k}}=-\frac{p_{x,k}-r_{x,i}}{\|\boldsymbol{p}_k-\boldsymbol{r}_i\|^2} \tag{2.46h}
$$

第 3 章

杂波环境下多基地雷达目标跟踪波形选择

3.1 引言和系统概述

本章研究目标检测概率小于 1 且杂波引入的多基地雷达跟踪目标的自适应波形选择问题。在本章中，主要针对一个发射站（位置位于 $\boldsymbol{t}$）和多个接收站（位置位于 $\boldsymbol{r}_i$，$i=1, 2, \cdots, N$）的多基地雷达系统，如图 3.1 所示。每个接收站都结合概率数据关联（PDA）算法[35]以获得一个本地航迹。所有接收站将本地航迹传送到发射站，然后由发射站执行航迹组合和波形选择。这种分布式跟踪方案有两个优点。首先，所有接收站能并行执行局部目标跟踪，减少了运算时间。其次，发射站和接收站之间的信道负载显著减少，因为是本地航迹直接从接收站传输到发射站，而不是可能包含大量虚警的原始测量数据。

为了简单起见，我们采用目标运动状态的单一模型：

$$\boldsymbol{x}_{k+1}=\boldsymbol{F}\boldsymbol{x}_k+\boldsymbol{w}_k,\ \boldsymbol{w}_k \sim N(\boldsymbol{0}, \boldsymbol{Q}) \tag{3.1}$$

采用第 2 章中的 IMM 算法，直接将问题扩展到机动目标跟踪。

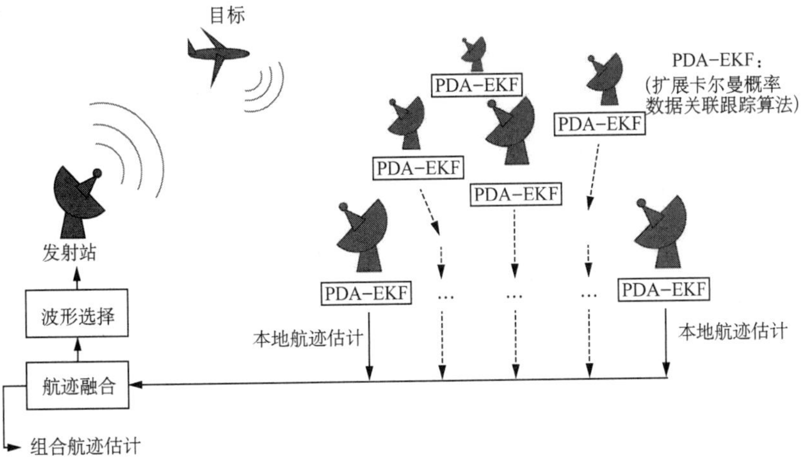

图 3.1　杂波环境中多基地雷达跟踪目标系统配置

假设时刻 k 的时延和多普勒频移(即 $\tilde{\tau}_{i,k}$ 和 $\tilde{\varrho}_{i,k}$e)在每个接收站 i 上可用,则双基地雷达系统可以测量距离和距离变化率(即 $\tilde{d}_{i,k}$ 和 $\tilde{\rho}_{i,k}$),并将其组成测量向量:

$$\begin{aligned}\tilde{\boldsymbol{y}}_{i,k} &= [\tilde{d}_{i,k},\ \tilde{\rho}_{i,k}] = \boldsymbol{y}_{i,k} + \boldsymbol{e}_{i,k} \\ &= [d_{i,k},\ \rho_{i,k}]^{\mathrm{T}} + [e_{d,i,k},\ e_{\rho,i,k}]^{\mathrm{T}},\ i=1,\ \cdots,\ N\end{aligned} \tag{3.2}$$

$$d_{i,k} = \|\boldsymbol{p}_k - \boldsymbol{t}\| + \|\boldsymbol{p}_k - \boldsymbol{r}_i\|, \tag{3.3a}$$

$$\rho_{i,k} = \frac{(\boldsymbol{p}_k - \boldsymbol{t})^{\mathrm{T}} v_k}{\|\boldsymbol{p}_k - \boldsymbol{t}\|} + \frac{(\boldsymbol{p}_k - \boldsymbol{r}_i)^{\mathrm{T}} \boldsymbol{v}_k}{\|\boldsymbol{p}_k - \boldsymbol{r}_i\|} \tag{3.3b}$$

与第 2 章类似,假设满足窄带条件,在低噪声条件下雷达测量可以近似达到 CRLB。因此,误差协方差矩阵 $\boldsymbol{R}_{i,k}$ 为

$$\boldsymbol{R}_{i,k}(\boldsymbol{\psi}_k) = \boldsymbol{\Gamma}_{\{\tau,\varrho\}} \boldsymbol{C}_{\{\tau,\varrho\}}(\eta_{i,k},\ \boldsymbol{\psi}_k) \boldsymbol{\Gamma}_{\{\tau,\varrho\}} \tag{3.4}$$

式中,$\boldsymbol{\Gamma}_{\{\tau,\varrho\}} = \mathrm{diag}\left\{c,\ \frac{c}{f_{\mathrm{o}}}\right\}$。虽然 $\boldsymbol{R}_{i,k}$ 依赖于 $\eta_{i,k}$[即信噪比(SNR)],但因为这里我们关注的是自适应波形选择问题,因此,仅显式地写成波形参数 $\boldsymbol{\psi}_k$ 的函数。

时刻 k 接收站 i 处目标检测的概率为

$$P_{Di,k} = P_F^{\frac{1}{1+\eta_{i,k}}} \tag{3.5}$$

式中,P_F 为虚警概率。信噪比 $\eta_{i,k}$ 取决于双基地雷达系统的部署分布,随目标运动状态和时间发生变化。需要注意的是,最初基于单基地雷达[30]导出的目标探测概率表达式在这里仍然有效,因为双基地雷达系统与单基地雷达系统在时延和多普勒频移中的模糊函数[39]相同。

除了与目标对应的真实测量值(在被检测到的情况下),此外,每个接收站还会由于杂波的存在导致获取不必要的错误数据。由此产生虚警,假定虚警在测量空间上符合均匀的分布,并且独立于时间的变化。采用泊松分布来模拟虚警数据,空域 V 中虚警概率由文献[45]给出:

$$\mu(m) = \mathrm{e}^{-\varsigma V} \frac{(\varsigma V)^m}{m!} \tag{3.6}$$

式中,ς 为杂波密度。

3.2　概率数据关联跟踪算法

3.2.1　接收站的本地航迹估计

接收站 i 采用 PDA-EKF 算法来获得本地航迹完成本地测量。PDA 是一种广泛用于杂波下的目标跟踪技术。PDA 算法原理是将跟踪区域内的所有测量值作为目标跟踪测量值[35]，并依据概率更新跟踪航迹估计值。用 EKF 与 PDA 一起处理目标 $\boldsymbol{x}_k$ 的雷达测量值 $\tilde{\boldsymbol{y}}_{i,k}$，PDA-EKF 算法概述如下。

时刻 k 的状态估计 $\hat{\boldsymbol{x}}_{i,k|k}$ 及其协方差 $\boldsymbol{P}_{i,k|k}$，与时刻 $k+1$ 的状态估计值和协方差 $\boldsymbol{P}_{i,k|k}$ 由下式给出：

$$\hat{\boldsymbol{x}}_{i,k+1|k}=\boldsymbol{F}\hat{\boldsymbol{x}}_{i,k|k}, \tag{3.7a}$$

$$\boldsymbol{P}_{i,k+1|k}=\boldsymbol{F}\boldsymbol{P}_{i,k|k}\boldsymbol{F}^{\mathrm{T}}+\boldsymbol{Q} \tag{3.7b}$$

时刻 $k+1$ 的跟踪区域定义为估计值 $\hat{\boldsymbol{y}}_{i,k+1|k}$ 周围的区域，以使目标跟踪测量值(在被检测到的情况下)落在该验证区域内，将落在该区域内的概率设为 P_G，P_G 通常称为门限概率。值得注意的是，估计值 $\hat{\boldsymbol{y}}_{i,k+1|k}$ 是以概率 $\hat{\boldsymbol{x}}_{i,k+1|k}=[\hat{\boldsymbol{\rho}}_{i,k|k+1},\hat{\boldsymbol{v}}_{i,k|k+1}]^{\mathrm{T}}$ 计算得到。估计值计算采用和式(3.3)相同的表达式 $\hat{\boldsymbol{y}}_{i,k+1|k}=[\hat{\boldsymbol{\tau}}_{i,k+1|k},\hat{\boldsymbol{\varrho}}_{i,k+1|k}]^{\mathrm{T}}$，其中 $\hat{\boldsymbol{\tau}}_{i,k+1|k}$ 和 $\hat{\boldsymbol{\varrho}}_{i,k+1|k}$ 有所不同，除了 $\boldsymbol{p}_k$ 和 $\boldsymbol{v}_k$ 相应地替换为 $\hat{\boldsymbol{\rho}}_{i,k|k+1}$ 和 $\hat{\boldsymbol{v}}_{i,k|k+1}$，还需要满足条件点 $\boldsymbol{\zeta}$ 在验证区域内，即

$$(\boldsymbol{\zeta}-\hat{\boldsymbol{y}}_{i,k+1|k})^{\mathrm{T}}\boldsymbol{S}_{i,k+1}^{-1}(\boldsymbol{\zeta}-\hat{\boldsymbol{y}}_{i,k+1|k})\leqslant g^2 \tag{3.8}$$

式中，g 是门限概率 P_G 对应的阈值。阈值 g 通常称为验证门限的标准偏差数，可从卡方 (χ^2) 表[45-46]确定。这里 $\boldsymbol{S}_{i,k+1}$ 是时刻 $k+1$ 的残差协方差矩阵：

$$\boldsymbol{S}_{i,k+1}=\boldsymbol{H}_{i,k+1}\boldsymbol{P}_{i,k+1|k}\boldsymbol{H}_{i,k+1}^{\mathrm{T}}+\boldsymbol{R}_{i,k+1} \tag{3.9}$$

式中，$\boldsymbol{H}_{i,k+1}$ 是 $\boldsymbol{y}_{i,k+1}$ 关于 $\boldsymbol{x}_{k+1}$ 的雅可比矩阵，其中 $\boldsymbol{x}_{k+1}=\hat{\boldsymbol{x}}_{i,k+1|k}$。表达式 $\boldsymbol{H}_{i,k+1}$ 是 $\boldsymbol{x}_{k+1}$ 的函数，与式(2.44)和式(2.45)中给出的相同，只删除了式(2.44)和式(2.45)矩阵中的最后一行。

时刻 $k+1$ 接收站 i 验证区域内的本地航迹为有效测量值，设为 $M_{i,k+1}$。第 j 次测量值为目标初始测量值，概率为 $\tilde{\boldsymbol{y}}_{i,k+1,j}$，计算如下：

$$\beta_j=\frac{e_j}{b+\sum_{l=1}^{M_{i,k+1}}e_l} \tag{3.10}$$

对于 $j=1,\cdots,M_{i,k+1}$，在验证区域内没有测量到目标的概率为

$$\beta_0 = \frac{b}{b + \sum_{l=1}^{M_{i,\,k+1}} e_l} \tag{3.11}$$

这里，术语 e_j 由下式给出：

$$e_j = \exp\left\{-\frac{1}{2}\boldsymbol{\vartheta}_{i,\,k+1,\,j}^{\mathrm{T}}\boldsymbol{S}_{i,\,k+1}^{-1}\boldsymbol{\vartheta}_{i,\,k+1,\,j}\right\} \tag{3.12}$$

式中，$\boldsymbol{\vartheta}_{i,\,k+1,\,j}$ 是第 j 次测量值 $\tilde{\boldsymbol{y}}_{i,\,k+1,\,j}$ 的残差，即

$$\boldsymbol{\vartheta}_{i,\,k+1,\,j} = \tilde{\boldsymbol{y}}_{i,\,k+1,\,j} - \hat{\boldsymbol{y}}_{i,\,k+1|k} \tag{3.13}$$

由于虚警的数量符合泊松分布，因此，b 由下式给出：

$$b = \varsigma \mid 2\pi\boldsymbol{S}_{i,\,k+1} \mid^{\frac{1}{2}} \frac{(1 - P_{D_{i,\,k+1}} P_G)}{P_{D_{i,\,k+1}}} \tag{3.14}$$

值得注意的是，这是PDA算法的参量表达式。在非参量PDA中，杂波密度 ς 未知，用 $\dfrac{M_{i,\,k+1}}{V_{i,\,k+1}}$ 代替，其中 $V_{i,\,k+1}$ 为时刻 $k+1$ 接收站 i 在验证区域的超体积指标，b 按式(3.14)计算。

基于这些计算的概率，PDA更新了目标状态估计值，使用所有已验证的测量值为

$$\hat{\boldsymbol{x}}_{i,\,k+1|k+1} = \hat{\boldsymbol{x}}_{i,\,k+1|k} + \boldsymbol{K}_{i,\,k+1}\boldsymbol{\vartheta}_{i,\,k+1} \tag{3.15}$$

卡尔曼增益和组合残差由下式给出：

$$\boldsymbol{K}_{i,\,k+1} = \boldsymbol{P}_{i,\,k+1|k}\boldsymbol{H}_{i,\,k+1}^{\mathrm{T}}\boldsymbol{S}_{i,\,k+1}^{-1}, \tag{3.16}$$

$$\boldsymbol{\vartheta}_{i,\,k+1} = \sum_{j=1}^{M_{i,\,k+1}} \beta_j \boldsymbol{\vartheta}_{i,\,k+1,\,j} \tag{3.17}$$

分别更新后，状态协方差计算如下：

$$\boldsymbol{P}_{i,\,k+1|k+1} = \beta_0 \boldsymbol{P}_{i,\,k+1|k} + (1-\beta_0)\boldsymbol{P}_{i,\,k+1}^{c} + \tilde{\boldsymbol{P}}_{i,\,k+1}, \tag{3.18}$$

$$\boldsymbol{P}_{i,\,k+1}^{c} = \boldsymbol{P}_{i,\,k+1|k} - \boldsymbol{K}_{i,\,k+1}\boldsymbol{S}_{i,\,k+1}\boldsymbol{K}_{i,\,k+1}^{\mathrm{T}}, \tag{3.19}$$

$$\tilde{\boldsymbol{P}}_{i,\,k+1} = \boldsymbol{K}_{i,\,k+1}\left(\sum_{j=1}^{M_{i,\,k+1}} \beta_j \boldsymbol{\vartheta}_{i,\,k+1,\,j}\boldsymbol{\vartheta}_{i,\,k+1,\,j}^{\mathrm{T}} - \boldsymbol{\vartheta}_{i,\,k+1}\boldsymbol{\vartheta}_{i,\,k+1}^{\mathrm{T}}\right)\boldsymbol{K}_{i,\,k+1}^{\mathrm{T}} \tag{3.20}$$

3.2.2 发射站的航迹融合

一旦本地航迹估计 $\hat{\boldsymbol{x}}_{i,\,k+1|k+1}$ 和 $\boldsymbol{P}_{i,\,k+1|k+1}$ 从所有接收站 $i = 1,\,2,\,\cdots,\,N$ 发送

到发射站，一个简单的基于航迹到航迹的融合对本地航迹的加权和[47]上进行：

$$\hat{\boldsymbol{x}}_{k+1|k+1}=\sum_{i=1}^{N}w_{i,\,k+1}\hat{\boldsymbol{x}}_{i,\,k+1|k+1}, \tag{3.21a}$$

$$\boldsymbol{P}_{k+1|k+1}=\sum_{i=1}^{N}w_{i,\,k+1}\boldsymbol{P}_{i,\,k+1|k+1} \tag{3.21b}$$

式中，加权系数 $w_{i,\,k+1}$ 定义为

$$w_{i,\,k+1}=\frac{|\boldsymbol{P}_{i,\,k+1|k+1}|^{-1}}{\sum_{l=1}^{N}|\boldsymbol{P}_{l,\,k+1|k+1}|^{-1}} \tag{3.22}$$

这种加权方法有效地降低了误差较大的航迹的权重。其他航迹到航迹融合算法也可用于融合本地航迹估计及其协方差[24]。

然后将组合的航迹估计 $\hat{\boldsymbol{x}}_{k+1|k+1}$ 及其协方差 $\boldsymbol{P}_{k+1|k+1}$ 传递回接收站，以更新本地航迹估计。

$$\hat{\boldsymbol{x}}_{i,\,k+1|k+1}=\hat{\boldsymbol{x}}_{k+1|k+1}, \tag{3.23a}$$

$$\boldsymbol{P}_{i,\,k+1|k+1}=\boldsymbol{P}_{k+1|k+1} \tag{3.23b}$$

用于下一时间步长中对接收站的本地航迹估计。

3.3　自适应波形选择

从式(3.4)中回想测量的协方差矩阵 $\boldsymbol{R}_{i,\,k+1}(\boldsymbol{\psi}_{k+1})$ 是 $\boldsymbol{\psi}_{k+1}$ 的函数，即时刻 $k+1$ 的波形参数向量。因此局部航迹误差协方差矩阵 $\boldsymbol{P}_{i,\,k+1|k+1}(i=1,\cdots,N)$ 和组合航迹误差协方差矩阵 $\boldsymbol{P}_{k+1|k+1}$ 也是 $\boldsymbol{\psi}_{k+1}$ 的函数。基于这种关系，自适应波形优化问题可表示为

$$\boldsymbol{\psi}_{k+1}^{\text{opt}}=\underset{\boldsymbol{\psi}\in\boldsymbol{\Psi}}{\operatorname{argmin}}\{\operatorname{trace}(\boldsymbol{P}_{k+1|k+1}(\boldsymbol{\psi}))\} \tag{3.24}$$

其中，$\boldsymbol{\Psi}$ 为波形库。

因为该波形选择步骤是在时刻 $k+1$ 的实际波形发射之前执行，组合航迹误差协方差 $\boldsymbol{P}_{k+1|k+1}(\boldsymbol{\psi})$ 必须在处理结束时的时刻 k 计算。然而，由于存在虚警，雷达精确计算在时刻 $k+1$ 测量 $\boldsymbol{P}_{k+1|k+1}$。因此，$\boldsymbol{P}_{k+1|k+1}$ 由其期望值 $\bar{\boldsymbol{P}}_{k+1|k+1}$ 近似[48]，该期望值可在实际波形发射之前使用修正的 Riccati 方程得到。

局部航迹误差协方差期望值 $\boldsymbol{P}_{i,\,k+1|k+1}$(表示为 $\bar{\boldsymbol{P}}_{i,\,k+1|k+1}$)，由文献[48]给出：

$$\boldsymbol{S}_{i,\,k+1}(\boldsymbol{\psi})=\boldsymbol{H}_{i,\,k+1}\boldsymbol{P}_{i,\,k+1|k}\boldsymbol{H}_{i,\,k+1}^{\mathrm{T}}+\boldsymbol{R}_{i,\,k+1}(\boldsymbol{\psi}),\tag{3.25a}$$

$$\boldsymbol{K}_{i,\,k+1}(\boldsymbol{\psi})=\boldsymbol{P}_{i,\,k+1|k}\boldsymbol{H}_{i,\,k+1}^{\mathrm{T}}\boldsymbol{S}_{i,\,k+1}^{-1}(\boldsymbol{\psi}),\tag{3.25b}$$

$$\bar{\boldsymbol{P}}_{i,\,k+1|k+1}(\boldsymbol{\psi})=\boldsymbol{P}_{i,\,k+1|k}-q_{i,\,k+1}\boldsymbol{K}_{i,\,k+1}(\boldsymbol{\psi})\boldsymbol{S}_{i,\,k+1}(\boldsymbol{\psi})\boldsymbol{K}_{i,\,k+1}^{\mathrm{T}}(\boldsymbol{\psi})\tag{3.25c}$$

这里 $q_{i,\,k+1}$ 是标量退化因子，其依赖于目标检测概率 $P_{Di,\,k+1}$，杂波密度 ς 和验证门体积 $V_{i,\,k+1}$。蒙特卡罗积分可用于计算 $q_{i,\,k+1}$。然而，由于蒙特卡罗积分的计算要求限制，对于二维测量向量和 4-ς 验证门限情况，$q_{i,\,k+1}$ 常近似为[49]：

$$q_{i,\,k+1}\approx\frac{0.997P_{Di,\,k+1}}{1+0.37(P_{Di,\,k+1})^{-1.57}\varsigma V_{i,\,k+1}}\tag{3.26}$$

组合航迹误差协方差的期望值由下式给出：

$$\bar{\boldsymbol{P}}_{k+1|k+1}(\boldsymbol{\psi})=\sum_{i=1}^{N}\bar{w}_{i,\,k+1}\bar{\boldsymbol{P}}_{i,\,k+1|k+1}(\boldsymbol{\psi}),\tag{3.27}$$

$$\bar{w}_{i,\,k+1}=\frac{|\bar{\boldsymbol{P}}_{i,\,k+1|k+1}|^{-1}}{\sum\limits_{l=1}^{N}|\bar{\boldsymbol{P}}_{i,\,k+1|k+1}|^{-1}}\tag{3.28}$$

通过在式(3.14)中用 $\bar{\boldsymbol{P}}_{k+1|k+1}$ 替换 $\boldsymbol{P}_{k+1|k+1}$，下一时刻 $k+1$ 发射的最优波形，可以在时刻 k 后最终处理后选择：

$$\boldsymbol{\psi}_{k+1}^{\mathrm{opt}}=\underset{\boldsymbol{\psi}\notin\boldsymbol{\Psi}}{\operatorname{argmin}}\{\operatorname{trace}(\bar{\boldsymbol{P}}_{k+1|k+1}(\boldsymbol{\psi}))\}\tag{3.29}$$

3.4 仿真示例

在本节中，我们考虑一个模拟跟踪场景，其中包括 1 个发射站和 4 个接收站，如图 3.2 所示。发射站位于原点$[0,\ 0]^{\mathrm{T}}$m 处，接收站位于$[20\,000,\ 0]^{\mathrm{T}}$，$[10\,000,\ 15\,000]^{\mathrm{T}}$，$[10\,000,\ -5\,000]^{\mathrm{T}}$，$[0,\ 10\,000]^{\mathrm{T}}$ m 处。目标从初始位置起遵循近似恒定速度运动模型，$q_x=q_y=10\ \mathrm{m^2/s^3}$，距离初始位置$[25\,000,\ 6\,000]^{\mathrm{T}}$ m，初始速度为$[-400,\ -200]^{\mathrm{T}}$ m/s。发射频率设置为 $f_{\circ}=12$ GHz，脉冲重复间隔为 $T=200$ ms，信号传播速度 $c=3\times10^8$ m/s，虚警概率 $P_F=0.01$。这里使用高斯 LFM 脉冲，通过改变脉冲波长 $\lambda\in\{10,\ 28,\ 46,\ 64,\ 82,\ 100\}$($\mu$s) 和扫描频率 $\Delta_F\in\{0.1,\ 0.28,\ 0.46,\ 0.64,\ 0.82,\ 1\}$MHz 来构造波形库。

将对应于 LFM 脉冲式(2.38)的 CRLB 矩阵 $\boldsymbol{C}_{\{\tau,\,\varrho\}}$ 代入式(3.4)，得到观测

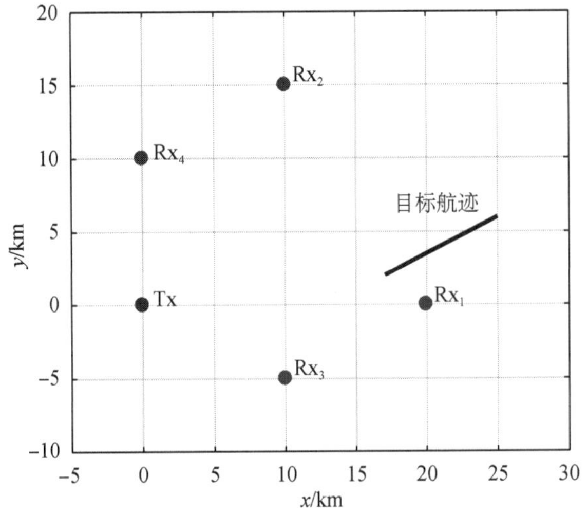

图 3.2　模拟目标跟踪位置示意图

误差的表达式，误差协方差矩阵 $\boldsymbol{R}_{i,k}$ 为

$$\boldsymbol{R}_{i,k}=\frac{1}{\eta_{i,k}}\begin{bmatrix} 2c^2\lambda^2 & -\dfrac{4bc^2\lambda^2}{f_\circ} \\ -\dfrac{4bc^2\lambda^2}{f_\circ} & \dfrac{c^2}{f_\circ^2}\left(\dfrac{1}{2\pi^2\lambda^2}+8b^2\lambda^2\right) \end{bmatrix} \tag{3.30}$$

这里，时刻 k 接收站 i 的信噪比模型为 $\eta_{i,k}=\dfrac{d_0^4}{\|\boldsymbol{p}_k-\boldsymbol{t}\|^2\|\boldsymbol{p}_k-\boldsymbol{r}_i\|^2}$，其中 $d_0=50\,000$ m。为了在波形选择过程中计算 $\boldsymbol{R}_{i,k+1}$，$\eta_{i,k+1}$ 可通过近似法预测，即由 $\hat{\boldsymbol{x}}_{i,k+1|k}$ 状态估计目标发射站和目标接收站距离。设航迹初始值为 $\boldsymbol{x}_0$，协方差为 $\boldsymbol{P}_{0|-1}=\mathrm{diag}((100\sqrt{10})^2,(100\sqrt{10})^2,10^2,10^2)$。在仿真中，使用 4σ 验证门限，如果测量值连续 4 点未落入验证门限内(如[29, 30, 50])，则认为航迹丢失。为了评估跟踪性能，进行了蒙特卡罗仿真，并从 2 000 条收敛航迹点中计算 RMSE 目标状态估计值 $\hat{\boldsymbol{x}}_{k|k}$，如公式所示：

$$\mathrm{RMSE}_k=\left(\frac{1}{2\,000}\sum_{n=1}^{2\,000}\|\hat{\boldsymbol{x}}_{k|k}^{\langle n\rangle}-\boldsymbol{x}_k^{\langle n\rangle}\|^2\right)^{\frac{1}{2}} \tag{3.31}$$

式中，$\boldsymbol{x}_k^{\langle n\rangle}$ 和 $\hat{\boldsymbol{x}}_{k|k}^{\langle n\rangle}$ 表示时刻 k 收敛航迹点中 n 阶真实和估计目标状态向量。

图 3.3 和图 3.4 比较了 3.3 节给出的自适应波形选择方案对最小和最大 TB

波形的 RMSE 性能。这里,考虑两种场景,杂波密度分别为 $\varsigma=\frac{2f_o}{c^2}$ 和 $\varsigma=\frac{20f_o}{c^2}$ 单位体积的虚警。

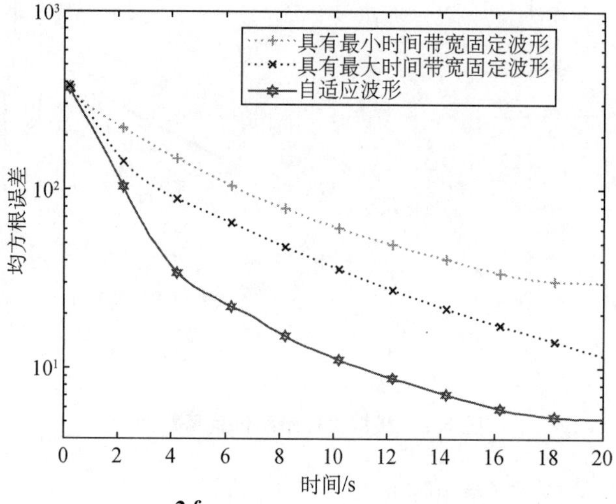

图 3.3 $\varsigma=\frac{2f_o}{c^2}$ 自适应波形与固定波形的性能比较

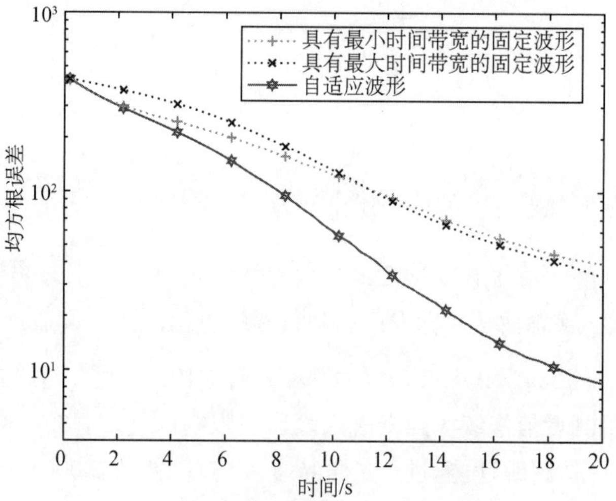

图 3.4 $\varsigma=\frac{20f_o}{c^2}$ 自适应和固定波形的性能比较

两种情况结果清楚地表明自适应波形选择的性能优于固定波形。我们还观察到,所有波形选择的跟踪性能会随着杂波密度的增大而下降,与预期一致。在自适应波形选择方案(在仿真运行中获得)选择的波形参数的模式如图 3.5 和图 3.6 所示。

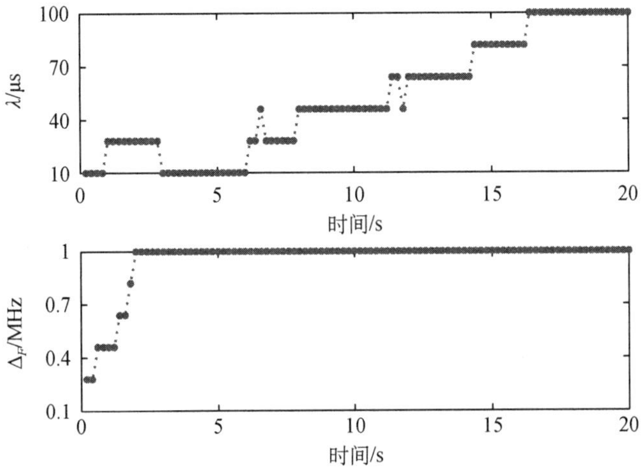

图 3.5　$\varsigma=\frac{2f_0}{c^2}$波形参数选择模式

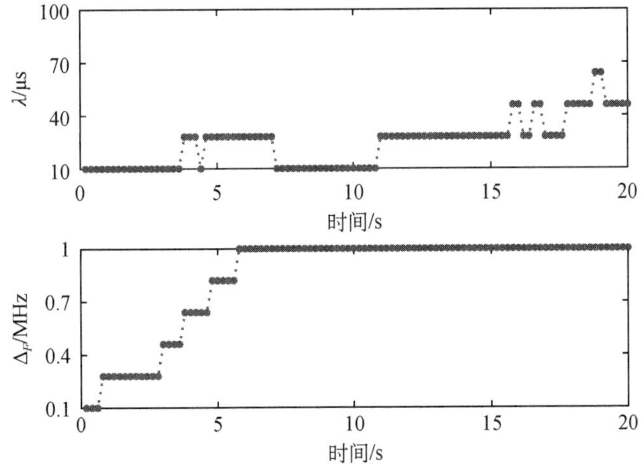

图 3.6　$\varsigma=\frac{20f_0}{c^2}$选波形参数模式

还可以观察到，对于第一种情况，为了在$\varsigma=\frac{2f_0}{c^2}$下获得 2 000 个收敛的航迹点，自适应波形选择方案会丢失 13 个航迹点，而最小 TB 波形选择方法丢失 2 个航迹点，最大 TB 波形选择方法丢失 40 个航迹点。在第二种情况下，杂波密度$\varsigma=\frac{20f_0}{c^2}$更高，自适应波形选择、最小 TB 波形选择和最大 TB 波形选择方法丢失航迹点个数分别为 19、6、97。这表明在模拟跟踪场景中，自适应波形选择方法丢失航迹点个数比固定不变的最大 TB 波形选择的最坏情况小得多。

3.5 小结

在本章中,我们研究了杂波中多基地雷达跟踪单个目标的最优波形选择问题。

在波形选择过程中(在实际波形发射之前),由于测量时存在虚警,无法精确获得目标跟踪的误差协方差矩阵,因此采用估计跟踪误差协方差矩阵[利用退化因子(3.26)]进行波形选择。仿真结果表明,与固定波形选择方法相比,所提出的波形选择方案显著减小了目标状态估计的 RMSE。

第 4 章

基于笛卡儿估计的多基地雷达目标跟踪波形选择

4.1 引言和系统概述

多基地雷达系统能够从不同发射站和接收站对中获得跟踪目标的距离、多普勒和角度测量值，利用多边定位在笛卡儿坐标系中直接估计目标运动状态。因此，可以使用线性卡尔曼滤波器和笛卡儿估计目标状态，进而实现目标跟踪。该方法的优点在于具有线性卡尔曼滤波在线性估计中的固有稳定性。由于目标状态可以通过距离、多普勒和角度测量的不同组合以各种方式进行估计，因此目标状态估计可以合并为单个等效估计，然后由线性卡尔曼滤波器处理，以减少目标状态估计的冗余及计算负担。另一种策略是为卡尔曼滤波器选择并输入一个具有最优精度的目标状态估计。本章采用后一种策略，因为它不要求所有接收站将其测量值传送至跟踪器，从而节省系统内通信链路的带宽和功耗。由于不同的笛卡儿状态估计具有不同的估计误差统计量，选择要使用的最优笛卡儿估计对系统的整体跟踪性能至关重要。由于目标与雷达几何位置显著影响笛卡儿状态估计的精度，因此需要根据目标相对于雷达的几何位置以自适应方式选择笛卡儿估计系统。本章联合波形选择和笛卡儿估计，提出一个自适应优化跟踪性能的方法。

本章研究的多基地雷达系统的总体布局如图 4.1 所示。该系统由位于位置 $\boldsymbol{t}$ 的一个发射站和位于位置 $\boldsymbol{r}_i$ 的 N 个接收站组成（$i=1, \cdots, N$）。位于发射站一端的融合中心具有三种功能：

① 计算笛卡儿状态估计值；

② 使用线性卡尔曼滤波器跟踪目标；

③ 联合雷达波形和笛卡儿估计的自适应选择。

每个接收站都能获得时延、多普勒频移和角度测量值。在每个时刻 $k=1, 2, \cdots$ 的前一个时刻瞬间 $k-1$ 结束时，进行基于雷达波形和笛卡儿估计联合的

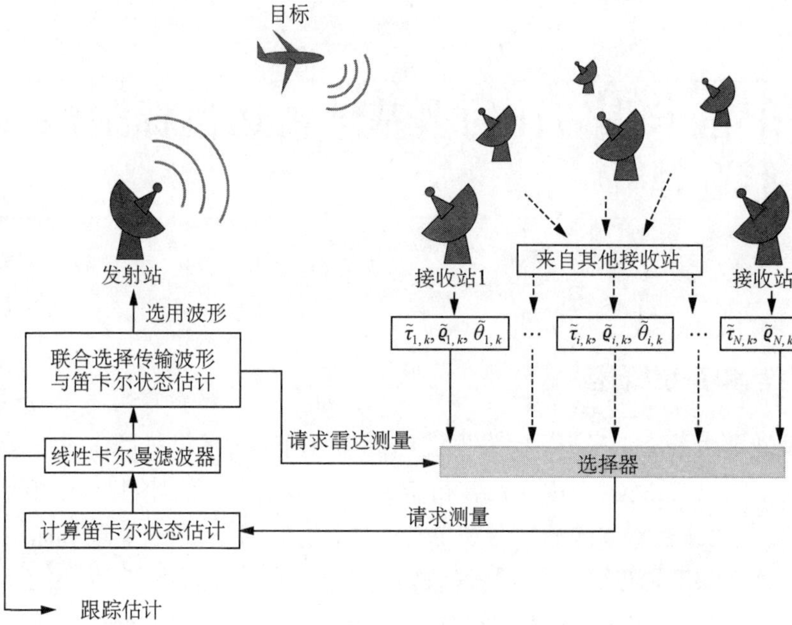

图 4.1　本章研究的多基地雷达系统布局

自适应波形选择。在 k 时刻发射后，发射站向两个接收站请求测量值(需要计算选定的笛卡儿估计值)。然后，这两个接收站通过与发射站的通信链路将测量结果发送给发射站。

在融合中心，这些测量值被用于计算笛卡儿估计，然后由线性卡尔曼滤波器进行处理得到跟踪目标。最后，在时刻 $k+1$ 联合使用雷达波形选择和笛卡儿估计。该跟踪系统有三个重要优点，即

① 发射站-接收站的通信链路对雷达带宽和功率消耗不高；

② 基于雷达波形选择和笛卡儿估计联合的自适应波形选择，具有性能的优越性；

③ 由于使用线性卡尔曼滤波器，线性估计具有鲁棒性。

4.2　笛卡儿坐标系下目标位置和速度估计

4.2.1　目标位置

已知从接收站 i（例如 $\tilde{\tau}_{i,k}$，$\tilde{\varrho}_{i,k}$ 和 $\tilde{\theta}_{i,k}$）和接收站 j（例如 $\tilde{\tau}_{j,k}$，$\tilde{\varrho}_{j,k}$ 和 $\tilde{\theta}_{j,k}$）获得时延、多普勒频移和角度测量值。有三种情况可用来唯一确定目标的笛卡儿位置：

① 使用来自接收站 i 的 $\tilde{\tau}_{i,k}$ 和 $\tilde{\theta}_{i,k}$ 值；

② 使用来自接收站 j 的 $\tilde{\tau}_{j,k}$ 和 $\tilde{\theta}_{j,k}$ 值；

③ 使用来自接收站 i 的 $\tilde{\theta}_{i,k}$ 和来自接收站 j 的 $\tilde{\theta}_{j,k}$ 值。

在第一种情况中，目标位置是通过寻找椭圆的焦点来确定，该椭圆的焦点由发射站 i 和接收站 j 确定，其长轴为 $\tilde{\tau}_{j,k}c$，从接收站 i 引出的方位线，其方位为 $\tilde{\theta}_{i,k}$，如图 4.2(a)所示。焦点表示为

$$\hat{p}_{y,k}=\begin{cases} r_{y,i}+\dfrac{\tan\tilde{\theta}_{i,k}((c\tilde{\tau}_{i,k})^2-\|\boldsymbol{r}_i-\boldsymbol{t}\|^2)}{2\left((r_{x,i}-t_x)+\tan\tilde{\theta}_{i,k}(r_{y,i}-t_y)+c\tilde{\tau}_{i,k}\sqrt{1+\tan^2\tilde{\theta}_{i,k}}\right)}, & \tilde{\theta}_{i,k}\geqslant 0, \\ r_{y,i}+\dfrac{\tan\tilde{\theta}_{i,k}((c\tilde{\tau}_{i,k})^2-\|\boldsymbol{r}_i-\boldsymbol{t}\|^2)}{2\left((r_{x,i}-t_x)+\tan\tilde{\theta}_{i,k}(r_{y,i}-t_y)+c\tilde{\tau}_{i,k}\sqrt{1+\tan^2\tilde{\theta}_{i,k}}\right)}, & \text{其他}, \end{cases} \tag{4.1a}$$

$$\hat{p}_{x,k}=r_{x,i}+\frac{\hat{p}_{y,k}-r_{y,i}}{\tan\tilde{\theta}_{i,k}} \tag{4.1b}$$

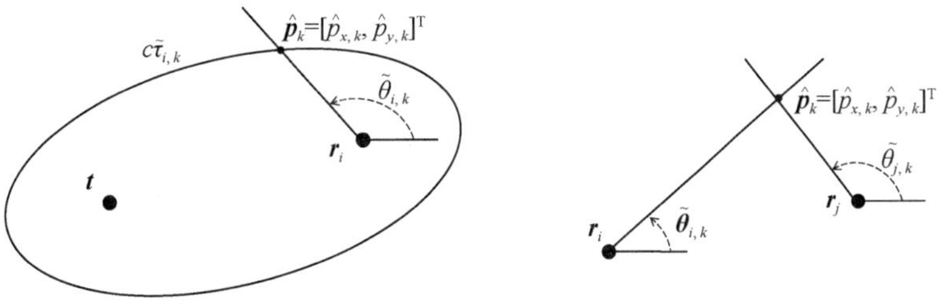

(a)　　(b)

图 4.2　笛卡儿坐标系下目标位置估计 $\hat{\boldsymbol{p}}_k$

(a) 使用 $\tilde{\tau}_{i,k}$ 和 $\tilde{\theta}_{i,k}$；(b) 使用 $\tilde{\theta}_{i,k}$ 和 $\tilde{\theta}_{j,k}$

类似地，在第二种情况中，由 $\tilde{\tau}_{j,k}$ 和 $\tilde{\theta}_{j,k}$ 估计的目标位置由下式给出：

$$\hat{p}_{y,k}=\begin{cases} r_{y,j}+\dfrac{\tan\tilde{\theta}_{j,k}((c\tilde{\tau}_{j,k})^2-\|\boldsymbol{r}_j-\boldsymbol{t}\|^2)}{2\left((r_{x,j}-t_x)+\tan\tilde{\theta}_{j,k}(r_{y,j}-t_y)+c\tilde{\tau}_{j,k}\sqrt{1+\tan^2\tilde{\theta}_{j,k}}\right)}, & \tilde{\theta}_{j,k}\geqslant 0, \\ r_{y,j}+\dfrac{\tan\tilde{\theta}_{j,k}((c\tilde{\tau}_{j,k})^2-\|\boldsymbol{r}_j-\boldsymbol{t}\|^2)}{2\left((r_{x,j}-t_x)+\tan\tilde{\theta}_{j,k}(r_{y,j}-t_y)+c\tilde{\tau}_{j,k}\sqrt{1+\tan^2\tilde{\theta}_{j,k}}\right)}, & \text{其他}, \end{cases} \tag{4.2a}$$

$$\hat{p}_{x,k}=r_{x,j}+\frac{\hat{p}_{y,k}-r_{y,j}}{\tan\tilde{\theta}_{j,k}} \tag{4.2b}$$

第三种情况中，通过确定接收站 i 和接收站 j 的焦点之间的连线来明确目标位置。它们的方向由 $\tilde{\theta}_{i,k}$ 和 $\tilde{\theta}_{j,k}$ 指定，如图 4.2(b)所示。计算公式如下：

$$\hat{p}_{y,k}=\frac{r_{x,j}-r_{x,i}+r_{y,i}\cot\tilde{\theta}_{i,k}-r_{y,j}\cot\tilde{\theta}_{j,k}}{\cot\tilde{\theta}_{i,k}-\cot\tilde{\theta}_{j,k}}, \tag{4.3a}$$

$$\hat{p}_{x,k}=r_{x,i}+\frac{\hat{p}_{y,k}-r_{y,i}}{\tan\tilde{\theta}_{i,k}} \tag{4.3b}$$

4.2.2 目标速度

一旦目标位置被确定，该信息可以与多普勒频移测量值 $\tilde{\varrho}_{i,k}$ 和 $\tilde{\varrho}_{j,k}$ 相结合，计算目标的笛卡儿速度。具体来说，在式(2.2b)中将 $\boldsymbol{p}_k$ 替换为 $\hat{\boldsymbol{p}}_k=[\hat{p}_{x,k},\hat{p}_{y,k}]^{\mathrm{T}}$，$\varrho_{i,k}$ 替换为 $\tilde{\varrho}_{i,k}$，可得到以下线性方程：

$$a_{i,k}v_{x,k}+b_{i,k}v_{y,k}=c_{i,k} \tag{4.4}$$

式中，

$$a_{i,k}=\frac{\hat{p}_{x,k}-t_x}{\|\hat{\boldsymbol{p}}_k-\boldsymbol{t}\|}+\frac{\hat{p}_{x,k}-r_{x,i}}{\|\hat{\boldsymbol{p}}_k-\boldsymbol{r}_i\|}, \tag{4.5a}$$

$$b_{i,k}=\frac{\hat{p}_{y,k}-t_y}{\|\hat{\boldsymbol{p}}_k-\boldsymbol{t}\|}+\frac{\hat{p}_{y,k}-r_{y,i}}{\|\hat{\boldsymbol{p}}_k-\boldsymbol{r}_i\|}, \tag{4.5b}$$

$$c_{i,k}=\frac{c\tilde{\varrho}_{i,k}}{f}。 \tag{4.5c}$$

与 $\tilde{\varrho}_{i,k}$ 类似，有

$$a_{j,k}v_{x,k}+b_{j,k}v_{y,k}=c_{j,k} \tag{4.6}$$

式中，

$$a_{j,k}=\frac{\hat{p}_{x,k}-t_x}{\|\hat{\boldsymbol{p}}_k-\boldsymbol{t}\|}+\frac{\hat{p}_{x,k}-r_{x,j}}{\|\hat{\boldsymbol{p}}_k-\boldsymbol{r}_j\|}, \tag{4.7a}$$

$$b_{j,k}=\frac{\hat{p}_{y,k}-t_y}{\|\hat{\boldsymbol{p}}_k-\boldsymbol{t}\|}+\frac{\hat{p}_{y,k}-r_{y,j}}{\|\hat{\boldsymbol{p}}_k-\boldsymbol{r}_j\|}, \tag{4.7b}$$

$$c_{j,k}=\frac{c\tilde{\varrho}_{j,k}}{f}。 \tag{4.7c}$$

利用式(4.4)和式(4.6)，$v_{x,k}$ 和 $v_{y,k}$ 的解由下式给出：

$$\hat{v}_{x,k}=\frac{c_{i,k}b_{j,k}-c_{j,k}b_{i,k}}{a_{i,k}b_{j,k}-a_{j,k}b_{i,k}},\tag{4.8a}$$

$$\hat{v}_{y,k}=\frac{c_{i,k}a_{j,k}-c_{j,k}a_{i,k}}{b_{i,k}a_{j,k}-b_{j,k}a_{i,k}}\tag{4.8b}$$

4.2.3　目标状态向量

在完成上述对目标的笛卡儿位置和速度估计的基础上，将接收站 i 和 j 获得的测量值进行不同分组，以得到笛卡儿坐标系下目标状态向量的三个估计：

(1) $[\hat{\tau}_{i,k},\ \hat{\theta}_{i,k},\ \hat{\varrho}_{i,k},\ \hat{\varrho}_{j,k}]^{\mathrm{T}}:=\boldsymbol{z}_{1,ij,k}\rightarrow$ 式(4.1) 和式(4.8) $\rightarrow[\hat{p}_{x,k},\ \hat{p}_{y,k},\ \hat{v}_{x,k},\ \hat{v}_{y,k}]^{\mathrm{T}}:=\boldsymbol{y}_{1,ij,k}$。

(2) $[\hat{\tau}_{j,k},\ \hat{\theta}_{j,k},\ \hat{\varrho}_{i,k},\ \hat{\varrho}_{j,k}]^{\mathrm{T}}:=\boldsymbol{z}_{2,ij,k}\rightarrow$ 式(4.2) 和式(4.8) $\rightarrow[\hat{p}_{x,k},\ \hat{p}_{y,k},\ \hat{v}_{x,k},\ \hat{v}_{y,k}]^{\mathrm{T}}:=\boldsymbol{y}_{2,ij,k}$。

(3) $[\hat{\tau}_{i,k},\ \hat{\theta}_{j,k},\ \hat{\varrho}_{i,k},\ \hat{\varrho}_{j,k}]^{\mathrm{T}}:=\boldsymbol{z}_{3,ij,k}\rightarrow$ 式(4.3) 和式(4.8) $\rightarrow[\hat{p}_{x,k},\ \hat{p}_{y,k},\ \hat{v}_{x,k},\ \hat{v}_{y,k}]^{\mathrm{T}}:=\boldsymbol{y}_{3,ij,k}$。

为了方便起见，将 $\boldsymbol{z}_{1,ij,k}\rightarrow\boldsymbol{y}_{1,ij,k}$，$\boldsymbol{z}_{2,ij,k}\rightarrow\boldsymbol{y}_{2,ij,k}$，$\boldsymbol{z}_{3,ij,k}\rightarrow\boldsymbol{y}_{3,ij,k}$ 变换分别表示为 $\boldsymbol{y}_{1,ij,k}=\boldsymbol{h}_1(z_{1,ij,k})$，$\boldsymbol{y}_{2,ij,k}=\boldsymbol{h}_2(z_{2,ij,k})$，$\boldsymbol{y}_{3,ij,k}=\boldsymbol{h}_3(\boldsymbol{z}_{3,ij,k})$。笛卡儿目标状态估计 $\boldsymbol{y}_{1,ij,k}$，$\boldsymbol{y}_{2,ij,k}$ 和 $\boldsymbol{y}_{3,ij,k}$ 在理想无噪声情况下是相等的。但是，在存在误差的情况下，$\boldsymbol{y}_{1,ij,k}$，$\boldsymbol{y}_{2,ij,k}$ 和 $\boldsymbol{y}_{3,ij,k}$ 不仅值不同，而且误差统计量也不同。这些笛卡儿目标状态估计的误差统计是基于 CRLB 变换来表征的，这将在下一节中讨论。

4.3　克拉美罗下界

在第 2.3 节对 CRLB 讨论的基础上，注意到接收站 i 的测量误差与接收站 j 的测量误差是彼此独立的。CRLB 中 $z_{1,ij,k}$，$z_{2,ij,k}$ 和 $z_{3,ij,k}$ 可分别表示为

$$\boldsymbol{C}_{z_{1,ij,k}}=\begin{bmatrix}\boldsymbol{C}^{[1,1]}_{\{\tau_{i,k},\varrho_{i,k}\}} & 0 & \boldsymbol{C}^{[1,2]}_{\{\tau_{i,k},\varrho_{i,k}\}} & 0\\ 0 & C_{\theta_{i,k}} & 0 & 0\\ \boldsymbol{C}^{[2,1]}_{\{\tau_{i,k},\varrho_{i,k}\}} & 0 & \boldsymbol{C}^{[2,2]}_{\{\tau_{i,k},\varrho_{i,k}\}} & 0\\ 0 & 0 & 0 & \boldsymbol{C}^{[2,2]}_{\{\tau_{j,k},\varrho_{j,k}\}}\end{bmatrix},\tag{4.9}$$

$$C_{z_{2,ij,k}}=\begin{bmatrix} C^{[1,1]}_{\{\tau_{j,k},\varrho_{j,k}\}} & 0 & 0 & C^{[1,2]}_{\{\tau_{j,k},\varrho_{j,k}\}} \\ 0 & C_{\theta_{j,k}} & 0 & 0 \\ 0 & 0 & C^{[2,2]}_{\{\tau_{i,k},\varrho_{i,k}\}} & 0 \\ C^{[2,1]}_{\{\tau_{j,k},\varrho_{j,k}\}} & 0 & 0 & C^{[2,2]}_{\{\tau_{j,k},\varrho_{j,k}\}} \end{bmatrix}, \tag{4.10}$$

$$C_{z_{3,ij,k}}=\mathrm{diag}(C_{\theta_{i,k}},\ C_{\theta_{j,k}},\ C^{[2,2]}_{\{\tau_{i,k},\varrho_{i,k}\}},\ C^{[2,2]}_{\{\tau_{j,k},\varrho_{j,k}\}}) \tag{4.11}$$

在这里，$C^{[a,b]}_{\{\tau_{i,k},\varrho_{i,k}\}}$ 表示 $C_{\{\tau_{i,k},\varrho_{i,k}\}}$ 的第(a,b)项，$C^{[a,b]}_{\{\tau_{j,k},\varrho_{j,k}\}}$ 亦然。

目标笛卡儿状态估计 $y_{1,ij,k}$，$y_{2,ij,k}$ 和 $y_{3,ij,k}$ 本质上是基于 $h_1(z_{1,ij,k})$，$h_2(z_{2,ij,k})$ 和 $h_3(z_{3,ij,k})$ 关于 $z_{1,ij,k}$，$z_{2,ij,k}$ 和 $z_{3,ij,k}$ 的非线性变换。因此，根据 CRLB 变换[22]方法，由 $z_{1,ij,k}$，$z_{2,ij,k}$ 和 $z_{3,ij,k}$ 的 CRLB 矩阵可以推导出 $y_{1,ij,k}$，$y_{2,ij,k}$ 和 $y_{3,ij,k}$ 的 CRLB 矩阵：

$$C_{y_{1,ij,k}}=\frac{\partial h_1(z_{1,ij,k})}{\partial z_{1,ij,k}}C_{z_{1,ij,k}}\left(\frac{\partial h_1(z_{1,ij,k})}{\partial z_{1,ij,k}}\right)^{\mathrm{T}}, \tag{4.12}$$

$$C_{y_{2,ij,k}}=\frac{\partial h_2(z_{2,ij,k})}{\partial z_{2,ij,k}}C_{z_{2,ij,k}}\left(\frac{\partial h_2(z_{2,ij,k})}{\partial z_{2,ij,k}}\right)^{\mathrm{T}}, \tag{4.13}$$

$$C_{y_{3,ij,k}}=\frac{\partial h_3(z_{3,ij,k})}{\partial z_{3,ij,k}}C_{z_{3,ij,k}}\left(\frac{\partial h_3(z_{3,ij,k})}{\partial z_{3,ij,k}}\right)^{\mathrm{T}} \tag{4.14}$$

式中，$\frac{\partial h_1(z_{1,ij,k})}{\partial z_{1,ij,k}}$，$\frac{\partial h_2(z_{2,ij,k})}{\partial z_{2,ij,k}}$ 和 $\frac{\partial h_3(z_{3,ij,k})}{\partial z_{3,ij,k}}$ 是雅可比矩阵。

4.4 基于雷达波形选择和笛卡儿估计联合的目标跟踪

4.4.1 目标运动状态

目标运动状态向量 $x_k=[p_k^{\mathrm{T}},\ v_k^{\mathrm{T}}]^{\mathrm{T}}$ 的运动模型为

$$x_{k+1}=Fx_k+w_k,\ w_k\sim N(\mathbf{0},\ Q) \tag{4.15}$$

为简单起见，此处仅考虑单个动态模型。对于其他复杂运动模型，例如用于跟踪机动目标，直接使用第 2 章中的 IMM 算法。

4.4.2 观测方程

由于每对接收站产生 3 个不同的笛卡儿目标状态估计，如第 4.2 节所述，系统中共有 $M=\frac{3N(N-1)}{2}$ 个笛卡儿状态估计。用 $m=1,\ \cdots,\ M$ 表示这些笛卡

儿估计值，在时刻 k 的第 m 个笛卡儿状态估计（表示为 $\boldsymbol{y}_{m,k}$），本质上就是目标真实状态向量 $\boldsymbol{x}_k$ 的噪声估计：

$$\boldsymbol{y}_{m,k} = \boldsymbol{x}_k + \boldsymbol{\varepsilon}_{m,k} \tag{4.16}$$

这里，$\boldsymbol{\varepsilon}_{m,k}$ 是 $\boldsymbol{y}_{m,k}$ 的误差相关估计。对于足够小的噪声，第 4.3 节中推导出的 CRLB 可用于估计协方差矩阵 $\boldsymbol{\varepsilon}_{m,k}$。可以明确写出：

$$\boldsymbol{R}_{m,k} = \mathbf{E}\{\boldsymbol{\varepsilon}_{m,k}\boldsymbol{\varepsilon}_{m,k}^{\mathrm{T}}\} \approx \boldsymbol{C}_{\boldsymbol{y}_{m,k}} \tag{4.17}$$

式中，$\boldsymbol{C}_{\boldsymbol{y}_{m,k}}$ 对应于笛卡儿状态估计 $\boldsymbol{y}_{m,k}$ 的 CRLB 矩阵。根据要使用的接收站对和估计方法，$\boldsymbol{C}_{\boldsymbol{y}_{m,k}}$ 可使用式(4.12)、式(4.13)或式(4.14)来计算。

4.4.3　基于线性卡尔曼滤波器的目标跟踪

如第 4.1 节所述，仅选择一个笛卡儿状态估计方法应用于目标跟踪过程。设 m^* 表示所选笛卡儿估计。然后，只需应用线性卡尔曼滤波即可实现目标跟踪过程：

$$\hat{\boldsymbol{x}}_{k+1|k} = \boldsymbol{F}\hat{\boldsymbol{x}}_{k|k}, \tag{4.18a}$$

$$\boldsymbol{P}_{k+1|k} = \boldsymbol{F}\boldsymbol{P}_{k|k}\boldsymbol{F}^{\mathrm{T}} + \boldsymbol{Q}, \tag{4.18b}$$

$$\boldsymbol{S}_{k+1} = \boldsymbol{P}_{k+1|k} + \boldsymbol{R}_{m^*,k+1}, \tag{4.18c}$$

$$\boldsymbol{K}_{k+1} = \boldsymbol{P}_{k+1|k}\boldsymbol{S}_{k+1}^{-1}, \tag{4.18d}$$

$$\hat{\boldsymbol{x}}_{k+1|k+1} = \hat{\boldsymbol{x}}_{k+1|k} + \boldsymbol{K}_{k+1}(\boldsymbol{y}_{m^*,k+1} - \hat{\boldsymbol{x}}_{k+1|k}), \tag{4.18e}$$

$$\boldsymbol{P}_{k+1|k+1} = (\boldsymbol{I} - \boldsymbol{K}_{k+1})\boldsymbol{P}_{k+1|k} \tag{4.18f}$$

4.4.4　基于雷达波形与笛卡儿估计联合的波形选择

笛卡儿状态估计 $\boldsymbol{y}_{m,k+1}$，$m=1,\cdots,M$ 有不同的估计误差统计值，与选择哪一对接收站提供测量数据以及使用哪种估计方法有关。因此，选择一个合适的笛卡儿估计作为线性卡尔曼滤波器的输入是优化跟踪性能的关键。这是特别重要的，因为多基地雷达设置中目标与雷达几何位置会显著影响笛卡儿状态估计的准确性（见第 4.5 节的数值说明）。由目标运动导致的目标和雷达几何位置关系将随时间变化而变化，在整个目标跟踪过程中，特定笛卡儿状态估计并不总是最佳选择。因此，根据目标与雷达几何位置，以自适应方式选择笛卡儿状态估计是可行的。除了使用笛卡儿状态估计之外，跟踪性能还取决于雷达发射波形。

具体地说，对所考虑的问题，笛卡儿估计 $\boldsymbol{y}_{m,k+1}$ 的CRLB矩阵 $\boldsymbol{C}_{\boldsymbol{y}_{m,k+1}}$ 是发送波形 $\boldsymbol{\psi}$ 的函数，因为它是用式(4.12)中的 $\boldsymbol{C}_{\boldsymbol{z}_{1,ij,k+1}}$，式(4.13)中的 $\boldsymbol{C}_{\boldsymbol{z}_{2,ij,k+1}}$ 或式(4.14)中的 $\boldsymbol{C}_{\boldsymbol{z}_{3,ij,k+1}}$ 来计算的，它们都是 $\boldsymbol{\psi}$ 的函数。因此，协方差矩阵 $\boldsymbol{R}_{m,k+1}$ 也是 $\boldsymbol{\psi}$ 的函数。

为了优化跟踪性能，可将发射波形的选择与基于卡尔曼目标状态估计协方差矩阵最小迹的笛卡儿状态估计联合使用，如下：

$$\{m_{k+1}^*, \boldsymbol{\psi}_{k+1}^*\} = \underset{m\in\{1,\cdots,M\},\ \boldsymbol{\psi}\in\Psi}{\operatorname{argmin}} \{\operatorname{trace}(\boldsymbol{P}_{k+1|k+1}(m, \boldsymbol{\psi}))\} \tag{4.19}$$

式中，$\operatorname{trace}(\boldsymbol{P}_{k+1|k+1}(m, \boldsymbol{\psi}))$ 定义为

$$\boldsymbol{S}_{k+1}(m, \boldsymbol{\psi}) = \boldsymbol{P}_{k+1|k} + \boldsymbol{R}_{m,k+1}(\boldsymbol{\psi}), \tag{4.20a}$$

$$\boldsymbol{K}_{k+1}(m, \boldsymbol{\psi}) = \boldsymbol{P}_{k+1|k} S_{k+1}^{-1}(\boldsymbol{\psi}), \tag{4.20b}$$

$$\boldsymbol{P}_{k+1|k+1}(m, \boldsymbol{\psi}) = (\boldsymbol{I} - \boldsymbol{K}_{k+1}(m, \boldsymbol{\psi}))\boldsymbol{P}_{k+1|k} \tag{4.20c}$$

需要注意的是 $\boldsymbol{P}_{k+1|k+1}(m, \boldsymbol{\psi})$ 可以在没有雷达测量值的情况下计算。因此，这个选择过程可以在实际雷达波形发射时刻 $k+1$ 之前执行。

4.5 仿真示例

4.5.1 笛卡儿状态估计的CRLB

本节从数值上说明了笛卡儿状态估计的CRLB对雷达发射波形和雷达与目标几何位置的依赖性。假定一个接收站对位于 $\boldsymbol{r}_1 = [20\,000, 0]^{\mathrm{T}}$ m 和 $\boldsymbol{r}_2 = [10\,000, 20\,000]^{\mathrm{T}}$ m处，其中一个发射站位于 $\boldsymbol{t} = [0, 0]^{\mathrm{T}}$ m。不同的笛卡儿状态估计分别为 $\boldsymbol{y}_1 = \boldsymbol{h}_1(\boldsymbol{z}_1)$，其中，$\boldsymbol{z}_1 = [\tilde{\tau}_1, \tilde{\theta}_1, \tilde{\varrho}_1, \tilde{\varrho}_2]^{\mathrm{T}}$；$\boldsymbol{y}_2 = \boldsymbol{h}_2(\boldsymbol{z}_2)$，其中，$\boldsymbol{z}_2 = [\tilde{\tau}_2, \tilde{\theta}_2, \tilde{\varrho}_1, \tilde{\varrho}_2]^{\mathrm{T}}$；$\boldsymbol{y}_3 = \boldsymbol{h}_3(\boldsymbol{z}_3)$，其中，$\boldsymbol{z}_3 = [\tilde{\tau}_3, \tilde{\theta}_3, \tilde{\varrho}_1, \tilde{\varrho}_2]^{\mathrm{T}}$。这些估计的CRLB矩阵分别为 $\boldsymbol{C}_{\boldsymbol{y}_1}$，$\boldsymbol{C}_{\boldsymbol{y}_2}$ 和 $\boldsymbol{C}_{\boldsymbol{y}_3}$，计算方法为式(4.12)～式(4.14)。这里，为了简单起见，去掉了接收站索引 ij 和时间索引 k。假设发射站发射高斯LFM脉冲，其复包络线如式(2.37)所示。因此，式(2.38)给出了LFM脉冲的CRLB矩阵 $\boldsymbol{C}_{\{\tau_i, \varrho_i\}}$。接收站 i 处的信噪比模型为 $\boldsymbol{\eta}_i = \dfrac{d_0^4}{\|\boldsymbol{p}-\boldsymbol{t}\|^2\|\boldsymbol{p}-\boldsymbol{r}_i\|^2}$，$d_0 = 80\,000$ m。与CRLB矩阵 $\boldsymbol{C}_{\theta_i}$ 相关的常数 σ_θ 设为0.05 rad。发射频率设为 $f_{\mathrm{o}} = 12$ GHz，且信号传播速度设为 $c = 3\times 10^8$ m/s。

图 4.3 和图 4.4 绘制了 CRLB 矩阵对角元素 $\boldsymbol{C}_{y_1}$，$\boldsymbol{C}_{y_2}$ 和 $\boldsymbol{C}_{y_3}$ 的平方根，其分别对应从 $\boldsymbol{y}_1$，$\boldsymbol{y}_2$ 和 $\boldsymbol{y}_3$ 提取的笛卡儿目标位置和速度估计的 RMSE 下限。我们从图 4.3 可以看出，由于用于时延测量的 CRLB 与 λ^2 成正比[见式(2.38)]，脉冲长度越短，位置估计精度越高。相比之下，更长的脉冲长度可以得到更精确的速度估计，这与 CRLB 中 $\dfrac{1}{2\pi^2\lambda^2}$ 在多普勒频移测量中的主导地位一致。图 4.3

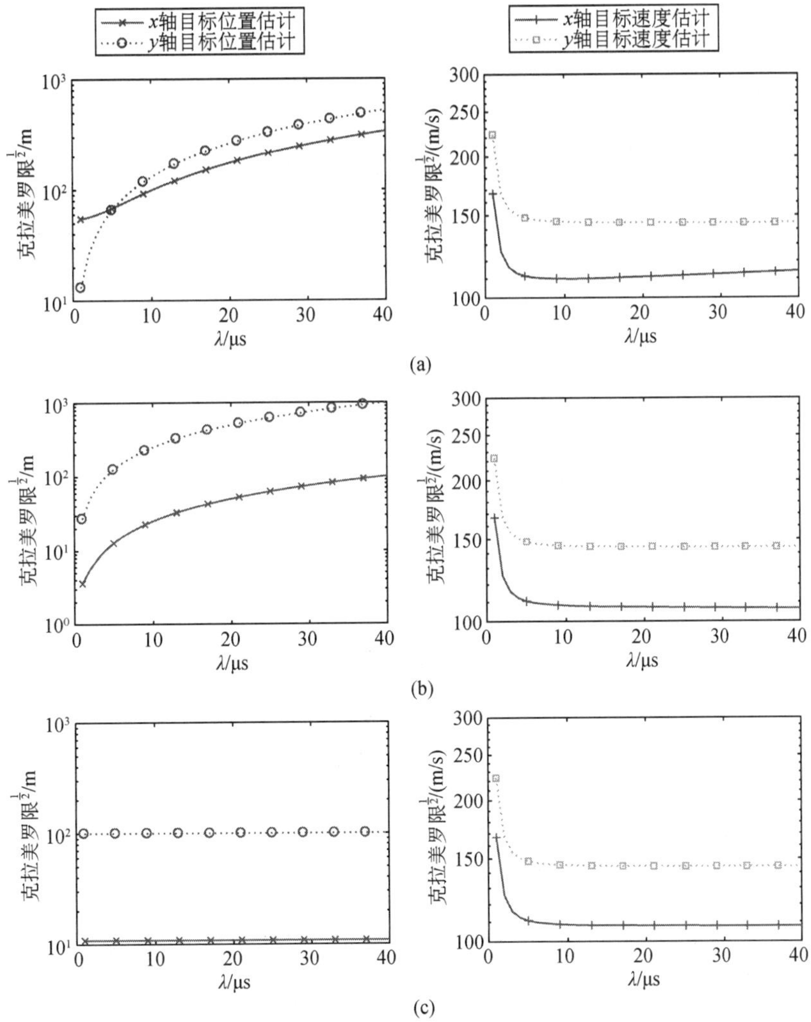

图 4.3　笛卡儿状态估计的 CRLB 对雷达发射波形的独立性

波形频率扫描 Δ_F 设置为 1 MHz；波形脉冲长度 λ 变化范围为 1～40 μs；(a) $\boldsymbol{y}_1=\boldsymbol{h}_1(\boldsymbol{z}_1)$的 $\boldsymbol{C}_{y_1}$；(b) $\boldsymbol{y}_2=\boldsymbol{h}_2(\boldsymbol{z}_2)$的 $\boldsymbol{C}_{y_2}$；(c) $\boldsymbol{y}_3=\boldsymbol{h}_3(\boldsymbol{z}_3)$的 $\boldsymbol{C}_{y_3}$

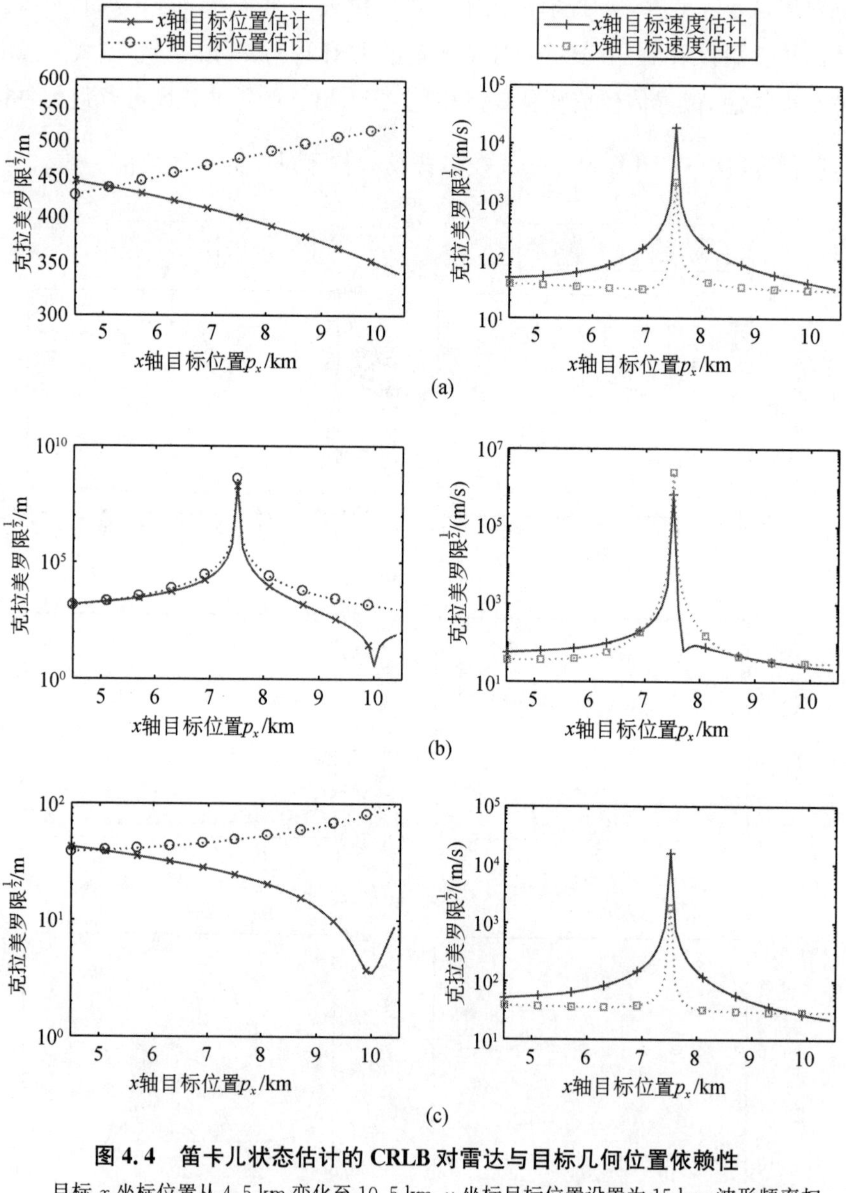

图 4.4 笛卡儿状态估计的 CRLB 对雷达与目标几何位置依赖性

目标 x 坐标位置从 4.5 km 变化至 10.5 km，y 坐标目标位置设置为 15 km；波形频率扫描和脉冲长度设置为 $\Delta_F=0.2$ MHz 和 $\lambda=40$ μs；(a) $\boldsymbol{y}_1=\boldsymbol{h}_1(\boldsymbol{z}_1)$的$\boldsymbol{C}_{\boldsymbol{y}_1}$；(b) $\boldsymbol{y}_2=\boldsymbol{h}_2(\boldsymbol{z}_2)$的$\boldsymbol{C}_{\boldsymbol{y}_2}$；(c) $\boldsymbol{y}_3=\boldsymbol{h}_3(\boldsymbol{z}_3)$的$\boldsymbol{C}_{\boldsymbol{y}_3}$

中的结果证实了位置分量 $\boldsymbol{y}_3$ 的 CRLB 不依赖于 $\boldsymbol{h}_3(\boldsymbol{z}_3)$ 发射波形，使用 $\tilde{\theta}_1$ 和 $\tilde{\theta}_2$ 计算笛卡儿目标位置，其 CRLB 不依赖于发射波形。为了增加它们与发送波形的依赖性，从图中观察笛卡儿估计值 CRLB，如图 4.4 所示，有趣的是，明显发现其值受雷达与目标几何位置的影响。当目标接近位置$[7\,500,\ 15\,000]^{\mathrm{T}}$ m 时，y_2 位置分量的 CRLB 趋于无穷大。通过观察发现，该位置位于发射站和第二个接收站之间的基线上，因此在目标、发射站和第二接收站之间形成了一个简易的双基地雷达几何构型。在所有 $\boldsymbol{y}_1$、$\boldsymbol{y}_2$ 和 $\boldsymbol{y}_3$ 的速度分量的 CRLB 中，也观察到这一现象，因为式(4.6)中的系数 $a_{j,k}$ 和 $b_{j,k}$ 在目标接近发射站和第二接收站之间的基线时趋于零，从而导致速度估计不准确。

同时，观察 $\boldsymbol{C}_{y_1}$，$\boldsymbol{C}_{y_2}$ 和 $\boldsymbol{C}_{y_3}$ 速度大小不同也很重要，可以通过该差异性，确定误差统计值 $\boldsymbol{y}_1$，$\boldsymbol{y}_2$ 和 $\boldsymbol{y}_3$。根据发射波形和雷达与目标几何位置，这些估计中有一个估计值比其他估计更精确，更适合作为线性卡尔曼滤波器的输入信号。这突出了选择笛卡儿估计和发射波形对系统整体跟踪性能的重要性。

4.5.2　基于雷达波形与笛卡儿估计联合的波形选择的性能优势

现在我们考虑一个仿真跟踪场景，1 个发射站位于 $\boldsymbol{t}=[0,\ 0]^{\mathrm{T}}$ m，3 个接收站位于 $\boldsymbol{r}_1=[20\,000,\ 0]^{\mathrm{T}}$，$\boldsymbol{r}_2=[10\,000,\ 20\,000]^{\mathrm{T}}$，$\boldsymbol{r}_3=[0,\ 15\,000]^{\mathrm{T}}$ m，如图 4.5 所示。目标做接近匀速运动，其航迹 $q_x=q_y=q=10\ \mathrm{m}^2/\mathrm{s}^3$，初始位置为 $\boldsymbol{p}_0=[15\,000,\ 10\,000]^{\mathrm{T}}$ m，初始速度为 $\boldsymbol{v}_0=[-150,\ -100]^{\mathrm{T}}$ m/s。利用高斯 LFM 脉冲，改变脉冲长度 $\lambda\in\{40,\ 50,\ 60,\ 70,\ 80\}\mu$s 和扫描频率 $\Delta_F\in\{0.2,\ 0.4,\ 0.6,\ 0.8,\ 1\}$MHz，构造波形库。在时刻 k 接收站 i 的信噪比建模为 $\eta_{i,k}=\dfrac{d_0^4}{\|\boldsymbol{p}_k-\boldsymbol{t}\|^2\|\boldsymbol{p}_k-\boldsymbol{r}_i\|^2}$，$d_0=70\,000$ m，常数 σ_θ 设为 0.2 rad。在此仿真中，发射频率设置为 $f_\mathrm{o}=12$ GHz，脉冲重复间隔设置为 $T=100$ ms，信号传播速度设置为 $c=3\times10^8$ m/s。给定来自 3 个接收站的雷达测量值，我们得到 9 个不同的笛卡儿目标状态估计值，见表 4.1 所示。在跟踪性能方面，目标状态估计的 RMSE 为 $\hat{\boldsymbol{x}}_{k|k}$，根据蒙特卡罗运行 $N_{\mathrm{MC}}=2\,000$ 次计算，可得

$$\mathrm{RMSE}_k=\left(\frac{1}{N_{\mathrm{MC}}}\sum_{n=1}^{N_{\mathrm{MC}}}\|\boldsymbol{x}_{k|k}^{\langle n\rangle}-\boldsymbol{x}_k^{\langle n\rangle}\|^2\right)^{\frac{1}{2}}\tag{4.21}$$

式中，$\boldsymbol{x}_k^{\langle n\rangle}$ 和 $\hat{\boldsymbol{x}}_{k|k}^{\langle n\rangle}$ 表示第 n 次蒙特卡罗运行后 k 时刻真实目标的状态估计向量。

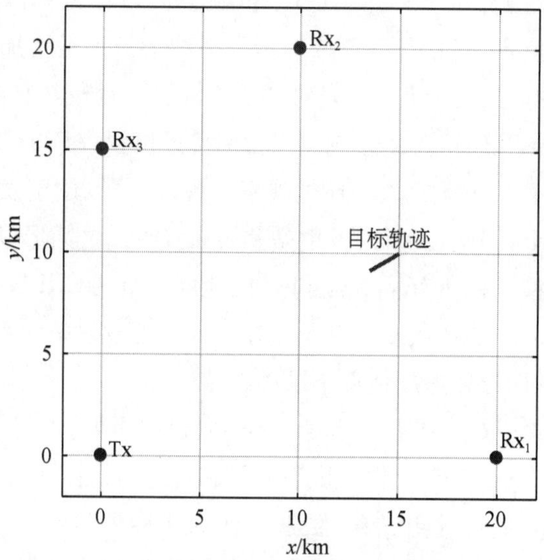

图 4.5 模拟目标跟踪的几何关系

表 4.1 3 个接收站的可用笛卡儿目标状态估计

序号	接收站对	笛卡儿估计
1	$\boldsymbol{r}_1, \boldsymbol{r}_2$	$\boldsymbol{y}_{1,k} := \boldsymbol{y}_{1,12,k}$
2	$\boldsymbol{r}_1, \boldsymbol{r}_2$	$\boldsymbol{y}_{2,k} := \boldsymbol{y}_{2,12,k}$
3	$\boldsymbol{r}_1, \boldsymbol{r}_2$	$\boldsymbol{y}_{3,k} := \boldsymbol{y}_{3,12,k}$
4	$\boldsymbol{r}_2, \boldsymbol{r}_3$	$\boldsymbol{y}_{4,k} := \boldsymbol{y}_{1,23,k}$
5	$\boldsymbol{r}_2, \boldsymbol{r}_3$	$\boldsymbol{y}_{5,k} := \boldsymbol{y}_{2,23,k}$
6	$\boldsymbol{r}_2, \boldsymbol{r}_3$	$\boldsymbol{y}_{6,k} := \boldsymbol{y}_{3,23,k}$
7	$\boldsymbol{r}_1, \boldsymbol{r}_3$	$\boldsymbol{y}_{7,k} := \boldsymbol{y}_{1,13,k}$
8	$\boldsymbol{r}_1, \boldsymbol{r}_3$	$\boldsymbol{y}_{8,k} := \boldsymbol{y}_{2,13,k}$
9	$\boldsymbol{r}_1, \boldsymbol{r}_3$	$\boldsymbol{y}_{9,k} := \boldsymbol{y}_{3,13,k}$

与使用固定发射波形和笛卡儿估计的 RMSE 性能相比，图 4.6 为基于波形选择和笛卡儿估计联合波形选择方法性能。此处，采用最大或最小 TB 波形用作固定发射波形。具有笛卡儿估计的固定波形 $\boldsymbol{y}_{3,k}$ 不在考虑范围内，因为在这种情况下，估计的轨迹是发散的，如图 4.6 所示。这种航迹发散可以通过分析目

标相对于接收站 1 和 2 的几何构型来解释，即目标位于接收站 1 和接收站 2 之间且相对靠近基线的位置，由于 $\boldsymbol{y}_{3,k}$ 的位置分量由 $\theta_{1,k}$ 和 $\theta_{2,k}$ 估计得到，因此形成了对笛卡儿估计 $\boldsymbol{y}_{3,k}$ 不利的几何构型。图 4.6 结果证实了发射波形的自适应选择和笛卡儿估计联合波形选择的性能优势，通过显著降低目标状态估计的 RMSE，实现传输波形和笛卡儿估计的自适应选择。与第 2.6 节中所观察的情况类似，在航迹初始化期间，交替选择最大和最小波形参数，直到所选波形稳定到最大 TB 波形，如图 4.7 所示。

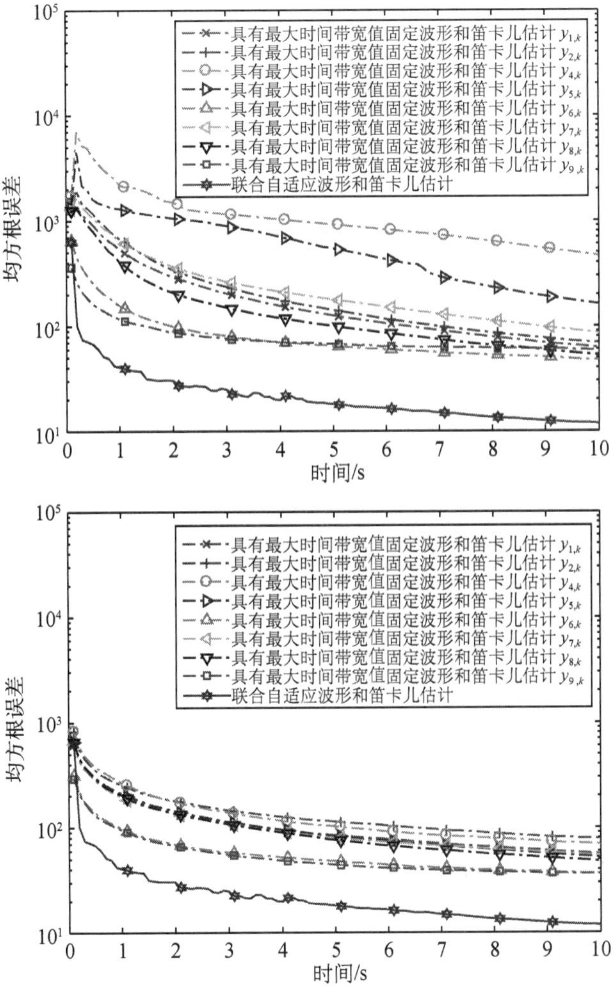

图 4.6　自适应波形和固定波形笛卡儿估计值性能比较

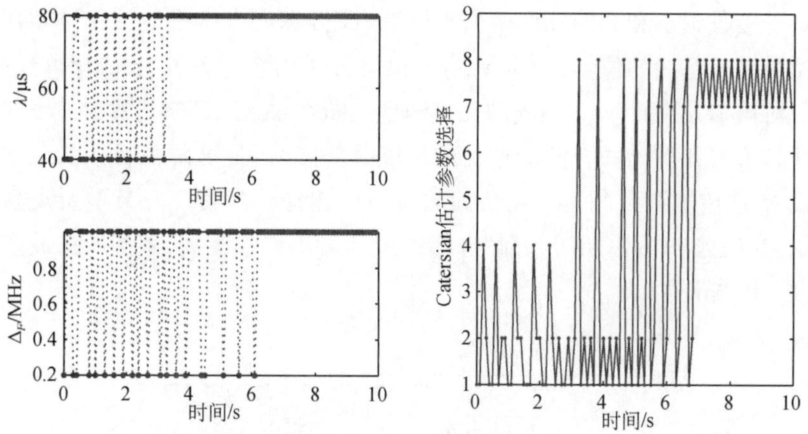

图 4.7　所选波形和笛卡儿估计值的模式

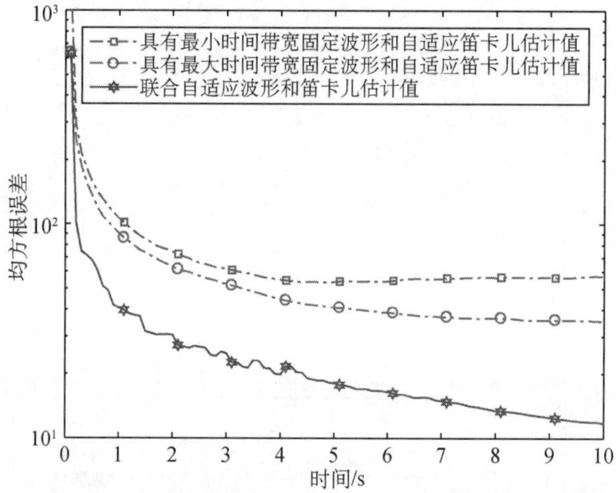

图 4.8　联合自适应波形选择和笛卡儿估计与自适应仅笛卡儿估计选择的性能比较[51]

图 4.8 比较了发射波形选择和笛卡儿估计联合的 RMSE 性能与仅采用笛卡儿估计的选择方法(具有最小或最大 TB 波形)的 RMSE 值,观察到仅笛卡儿估计选择方案表现出比联合发射波形和笛卡儿估计选择方案大得多的 RMSE,证实了波形分集的性能优势。

此外,文献[51]中的方法是通过最小化笛卡儿目标状态估计来选择波形。因为最小化卡尔曼滤波器的观测输入的误差协方差,并不需要在估计输出中要求误差协方差最小。为了进一步证明这一点,我们考虑了一种发射波形和笛卡儿估计的联合选择方案,但基于最小化笛卡儿估计误差协方差矩阵的迹,即:

$$\{m_{k+1}^*, \boldsymbol{\psi}_{k+1}^*\} = \underset{m \in \{1, \cdots M\}, \boldsymbol{\psi} \in \boldsymbol{\Psi}}{\operatorname{argmin}} \{\operatorname{trace}(\boldsymbol{R}_{m, k+1}(\boldsymbol{\psi}))\} \tag{4.22}$$

从图 4.9 中可以清晰地看出，与基于最小化迹 $\boldsymbol{P}_{k+1|k+1}(m, \boldsymbol{\psi})$ 的选择方案相比，该卡尔曼目标状态估计的选择方案的 RMSE 要大得多(即卡尔曼目标状态估计的协方差矩阵)。这并不意外，$\boldsymbol{R}_{m, k+1}(\boldsymbol{\psi})$ 只包含 $k+1$ 时刻卡尔曼观测输入的误差统计量，而 $\boldsymbol{P}_{k+1|k+1}(m, \boldsymbol{\psi})$ 合并 $\boldsymbol{R}_{m, k+1}(\boldsymbol{\psi})$ 和从过去观察获得的目标跟踪信息 $\boldsymbol{P}_{k+1|k}$，如图 4.10 和式(4.22)所示。

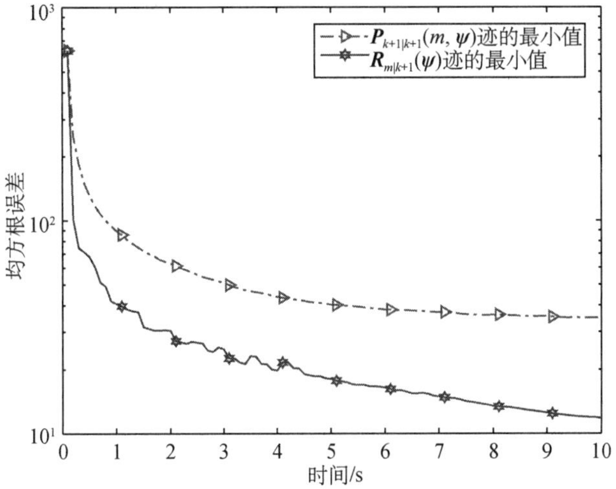

图 4.9　比较 $\boldsymbol{P}_{k+1|k+1}(m, \psi)$ 迹的最小值和 $\boldsymbol{R}_{m|k+1}(\psi)$ 迹的最小值两种情况的航迹跟踪性能

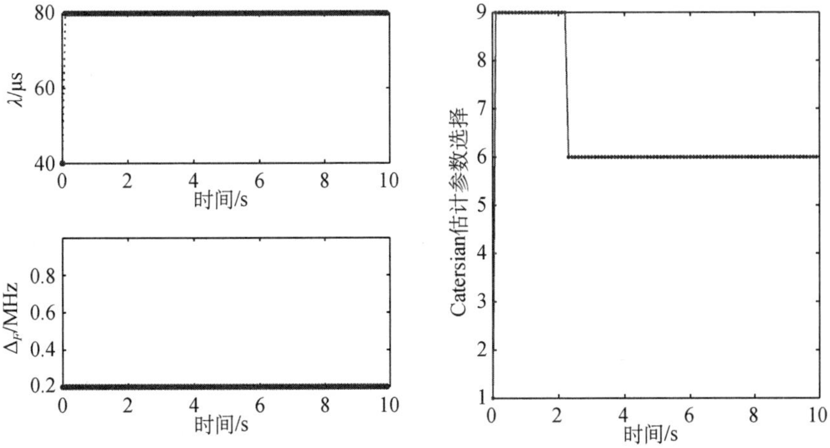

图 4.10　基于迹最小化的 $\boldsymbol{R}_{m, k+1}(\psi)$ 的波形选择和笛卡儿估计的联合波形选择方法

如图 4.7 所示，使用基于 $\boldsymbol{P}_{k+1|k+1}(m, \psi)$ 迹的最小化的选择方法

4.6 小结

本章针对雷达波形和笛卡儿估计提出了一种联合自适应选择算法,用于利用笛卡儿估计进行多基地雷达目标跟踪。利用多重定位得到目标状态的笛卡儿估计,利用具有固有稳定性的线性卡尔曼滤波进行目标跟踪。由于不同的笛卡儿状态估计具有不同的误差统计量,这些误差统计量受雷达与目标几何位置关系的影响,因此以自适应方式选择笛卡儿估计可以提供额外的自由度,以提高整个系统的性能。本章采用雷达波形和笛卡儿估计联合选择波形方法,以使卡尔曼滤波 MSE 目标状态估计最小。最终得到笛卡儿估计 CRLB,并用于联合自适应选择算法。通过仿真示例验证了该算法的性能优势。

第 5 章

分布式多基地雷达目标跟踪波形选择

5.1 引言和系统概述

在前几章中，我们研究了一种采用一个中央处理节点的多基地雷达系统，进行目标跟踪和波形选择。这种集中式系统配置要求中央处理节点具有较高的计算能力，来满足整个系统的所有信号处理要求。此外，由于所有处理能力都集中在单个节点上，因此系统更容易出现故障和受到攻击。根据系统拓扑结构的不同，发射站到某些接收站的距离可能很长。这要求发射站和接收站之间要具有高功率通信链路，还会给系统添加临时部件和新接收站带来挑战性。

克服这些缺点的有效替代方案是由所有接收站以协作和分布式处理的方式执行目标跟踪和波形选择。与集中式处理相比，分布式处理的优势包括：(1)允许使用运算功能较弱的本地处理器进行并行计算；(2)相邻接收站之间可在低功率局域通信链路间通信；(3)临时部署和增加新的接收站较为简单；(4)链路或节点具有较高的无故障鲁棒性[52-54]。

在本章中，我们主要研究由一个发射站和 N 个接收站形成的分布式多基地雷达系统，如图 5.1 所示。

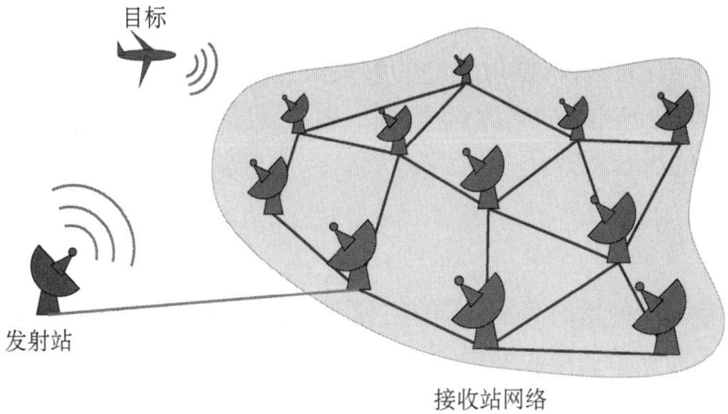

图 5.1　分布式多基地雷达跟踪系统配置

图 5.1 中每个接收站至少与另外一个接收站直接连接，且每一个发射站至少连接一个接收站。这里，接收站 i 的封闭邻域由 V_i 表示，该邻域包括自身及与其有直接连接的接收站。在这种配置中，接收站与其紧邻的接收站共享雷达测量结果及航迹估计值。每个接收站都跟踪目标，并由一个本地处理器从这些信息及邻近接收站中传送的信息中来选择最优波形。最优波形可由任何接收站传输到发射站(优选最近的接收站)。

假定状态空间模型为

$$\boldsymbol{x}_{k+1}=\boldsymbol{F}\boldsymbol{x}_k+\boldsymbol{w}_k,\ \boldsymbol{w}_k\sim N(\boldsymbol{0},\ \boldsymbol{Q}),\tag{5.1a}$$

$$\begin{aligned}\tilde{\boldsymbol{y}}_{i,k}&=[\tilde{d}_{i,k},\ \tilde{\rho}_{i,k}]^{\mathrm{T}}=\boldsymbol{y}_{i,k}+\boldsymbol{e}_{i,k}\\&=[d_{i,k},\ \rho_{i,k}]^{\mathrm{T}}+[e_{d,i,k},\ e_{\rho,i,k}]^{\mathrm{T}},\ i=1,\ \cdots,\ N\end{aligned}\tag{5.1b}$$

这里，$d_{i,k}$ 和 $\rho_{i,k}$ 分别为时刻 k 接收站 i 获取的所有双基地雷达距离和距离-速率测量值。假定真实双基地雷达测量的距离和距离-速率与真实目标位置和速度之间的关系由下式给出：

$$d_{i,k}=\|\boldsymbol{p}_k-\boldsymbol{t}\|+\|\boldsymbol{p}_k-\boldsymbol{r}_i\|,\tag{5.2a}$$

$$\rho_{i,k}=\frac{(\boldsymbol{p}_k-\boldsymbol{t})^{\mathrm{T}}}{\|\boldsymbol{p}_k-\boldsymbol{t}\|}+\frac{(\boldsymbol{p}_k-\boldsymbol{r}_i)^{\mathrm{T}}\boldsymbol{v}_k}{\|\boldsymbol{p}_k-\boldsymbol{r}_i\|}\tag{5.2b}$$

第 2 章中可知，测量值的误差协方差矩阵 $\boldsymbol{R}_{i,k}=\mathbf{E}\{\boldsymbol{e}_{i,k}\boldsymbol{e}_{i,k}^{\mathrm{T}}\}$ 可以用 CRLB 矩阵近似计算时延和多普勒频移 $C_{\{\tau,\varrho\}}(\eta_{i,k},\ \psi_k)$：

$$\boldsymbol{R}_{i,k}=\boldsymbol{\Gamma}_{\{\tau,\varrho\}}\boldsymbol{C}_{\{\tau,\varrho\}}(\eta_{i,k},\ \boldsymbol{\psi}_k)\boldsymbol{\Gamma}_{\{\tau,\varrho\}}\tag{5.3}$$

式中，$\boldsymbol{\Gamma}_{\{\tau,\varrho\}}=\mathrm{diag}\left\{c,\ \frac{c}{f_0}\right\}$。由于 $\boldsymbol{C}_{\{\tau,\varrho\}}(\eta_{i,k},\ \boldsymbol{\psi}_k)$ 与双基地雷达模糊函数有关，是信噪比 $\eta_{i,k}$ 的函数，发射波形的参数向量 $\boldsymbol{\psi}_k$，$\boldsymbol{R}_{i,k}$ 是 $\eta_{i,k}$ 和 $\boldsymbol{\psi}_k$ 的函数。当我们关注最优波形选择的问题时，$\boldsymbol{R}_{i,k}$ 可直接表达为 $\boldsymbol{\psi}_k$ 的函数，即 $\boldsymbol{R}_{i,k}(\boldsymbol{\psi}_k)$，参见后续章节。

5.2 算法说明

本章提出了一种新的算法，它的协作分布式处理方式，先进行目标跟踪(阶段 A)，再从所有分布式接收站中选择出最优波形(阶段 B)。

5.2.1 阶段 A——目标跟踪

采用扩散卡尔曼滤波器[53](DEKF)进行分布式目标跟踪。DEKF 包括两个步骤：

（1）本地航迹估计：先从收集所有相邻接收站 $l \in \mathcal{V}_i$ 传送的测量数据，每个接收站 i 计算得到一个中间航迹估计值。

$$\hat{\boldsymbol{x}}_{i,k|k-1} = \boldsymbol{F}\hat{\boldsymbol{x}}_{i,k-1|k-1}, \tag{5.4a}$$

$$\boldsymbol{P}_{i,k|k-1} = \boldsymbol{F}\boldsymbol{P}_{i,k-1|k-1}\boldsymbol{F}^{\mathrm{T}} + \boldsymbol{Q}, \tag{5.4b}$$

$$\boldsymbol{x}_{i,k} = \hat{\boldsymbol{x}}_{i,k|k-1}, \tag{5.4c}$$

$$\boldsymbol{P}_{i,k} = \boldsymbol{P}_{i,k|k-1} \tag{5.4d}$$

对于每个接收站 $l \in \mathcal{V}_i$ 重复执行：

$$\boldsymbol{S}_{i,k} \leftarrow \boldsymbol{H}_{l,k}\boldsymbol{P}_{i,k}\boldsymbol{H}_{l,k}^{\mathrm{T}} + \boldsymbol{R}_{l,k}, \tag{5.4e}$$

$$\boldsymbol{\chi}_{i,k} \leftarrow \boldsymbol{\chi}_{i,k} + \boldsymbol{P}_{i,k}\boldsymbol{H}_{l,k}^{\mathrm{T}}\boldsymbol{S}_{i,k}^{-1}(\tilde{\boldsymbol{y}}_{l,k} - \boldsymbol{y}_{l,k}(\boldsymbol{\chi}_{i,k})), \tag{5.4f}$$

$$\boldsymbol{P}_{i,k} \leftarrow \boldsymbol{P}_{i,k} - \boldsymbol{P}_{i,k}\boldsymbol{H}_{l,k}^{\mathrm{T}}\boldsymbol{S}_{i,k}^{-1}\boldsymbol{H}_{l,k}\boldsymbol{P}_{i,k} \tag{5.4g}$$

当 $\boldsymbol{P}_{i,k|k} = \boldsymbol{P}_{i,k}$ 时，结束循环。这里，$\boldsymbol{H}_{i,k}$ 是 $\boldsymbol{y}_{i,k}$ 的雅可比矩阵，在 $\hat{\boldsymbol{x}}_{i,k|k-1}$ 处求值 $\boldsymbol{x}_k$。 函数 $\boldsymbol{H}_{i,k}$ 是 $\boldsymbol{x}_k$ 的表达式，与式(2.44)和式(2.45)中给出的表达式相同，只是删除了式(2.44)和式(2.45)中矩阵的最后一行。

（2）综合航迹：完成所有接收站的本地估计后，在接收站之间共享中间航迹估计值。然后，合并每个接收站 i 与其邻域可用的中间航迹估计值，以获得一个新的航迹估计。

$$\hat{\boldsymbol{x}}_{i,k|k} = \sum_{l \in \mathcal{V}_i} c_{i,l}\boldsymbol{\chi}_{l,k} \tag{5.5}$$

式中，$c_{i,l} = 0$，如果 $l \notin \mathcal{V}_i$ 且 $\sum\limits_{l \in \mathcal{V}_i} c_{i,l} = 1\ \forall i$。

5.2.2　阶段 B——自适应波形选择

每个接收站独立地找到下一个最优发射波形，如下式：

$$\boldsymbol{P}_{i,k+1|k} = \boldsymbol{F}\boldsymbol{P}_{i,k|k}\boldsymbol{F}^{\mathrm{T}} + \boldsymbol{Q} \tag{5.6a}$$

每个波形 $\boldsymbol{\psi} \in \boldsymbol{\Psi}$ 进行下式计算：

$$\boldsymbol{P}_{i,k+1} \leftarrow \boldsymbol{P}_{i,k+1|k} \tag{5.6b}$$

每个相邻的接收站 $l \in \mathcal{V}_i$，重复执行下式计算：

$$\boldsymbol{S}_{i,\,k+1}(\boldsymbol{\psi}) \leftarrow \boldsymbol{H}_{l,\,k+1}\boldsymbol{P}_{i,\,k+1}(\boldsymbol{\psi})\boldsymbol{H}_{l,\,k+1}^{\mathrm{T}} + \boldsymbol{R}_{l,\,k+1}(\boldsymbol{\psi}), \tag{5.6c}$$

$$\boldsymbol{P}_{i,\,k+1}(\boldsymbol{\psi}) \leftarrow P_{i,\,k+1}(\boldsymbol{\psi}) - \{\boldsymbol{P}_{i,\,k+1}(\boldsymbol{\psi})\boldsymbol{H}_{l,\,k+1}^{\mathrm{T}}\boldsymbol{S}_{i,\,k+1}^{-1}(\boldsymbol{\psi})\boldsymbol{H}_{l,\,k+1}\boldsymbol{P}_{i,\,k+1}(\boldsymbol{\psi})\}, \tag{5.6d}$$

结束

$$\boldsymbol{P}_{i,\,k+1|k+1}(\boldsymbol{\psi}) \leftarrow \boldsymbol{P}_{i,\,k+1}(\boldsymbol{\psi}), \tag{5.6e}$$

结束

选择波形：

$$\boldsymbol{\Psi}_{i,\,k+1}^{\mathrm{opt}} = \underset{\boldsymbol{\psi}\in\boldsymbol{\Psi}}{\operatorname{argmin}}\{\operatorname{trace}(\boldsymbol{P}_{i,\,k+1|k+1}(\boldsymbol{\psi}))\} \tag{5.6f}$$

该方案旨在计算航迹协方差矩阵 $\boldsymbol{P}_{i,\,k+1|k+1}(\boldsymbol{\psi})$，对于波形库 $\boldsymbol{\Psi}$ 中的每一个候选波形 $\boldsymbol{\psi}$，选择航迹值 $\boldsymbol{P}_{i,\,k+1|k+1}$ 最小的波形 $\boldsymbol{\Psi}_{i,\,k+1}^{\mathrm{opt}}$。由于系统中没有融合中心，波形选择是在所有接收站上独立运行的，因此发射站可以利用任何接收站确定下一个发射波形。需要注意的是，这种分布式波形选择方案需要测量矩阵 $\boldsymbol{H}_{i,\,k+1}$ 以及误差协方差矩阵 $\boldsymbol{R}_{i,\,k+1}(\boldsymbol{\psi})$（与波形库 $\boldsymbol{\Psi}$ 内所有波形候选 $\boldsymbol{\psi}$ 相关），并与相邻接收站共享波形。

5.3 通信复杂性

在波形选择阶段，每个接收站与接收站链路所需的总通信量为 $2\times 4+\left(\frac{2^2+2}{2}\right)\times M=8+3M$ 级复标量，因为 $\boldsymbol{H}_{i,\,k+1}$ 是 2×4 矩阵，$\boldsymbol{R}_{i,\,k+1}(\boldsymbol{\psi})$ 是 2×2 矩阵。这里，$\boldsymbol{M}$ 表示波形库 $\boldsymbol{\Psi}$ 的基数。但是，相同波形库 $\boldsymbol{\Psi}$ 用于所有接收站，而 CRLB 矩阵是 $\eta_{i,\,k+1}$ 和 $\boldsymbol{\psi}$ 的函数。因此，仅需要在相邻接收站之间传送信噪比 $\eta_{i,\,k+1}$，而无需传送对应于所有候选波形 $\boldsymbol{\psi}$ 的所有矩阵 $\boldsymbol{R}_{i,\,k+1}(\boldsymbol{\psi})$。此外，时刻 $k+1$ 的目标跟踪中，相位为 $\boldsymbol{H}_{i,\,k+1}$，时刻 k 的波形选择信息被共享，避免了 $k+1$ 时刻执行目标跟踪时共享该波形选择信息。其结果是，本章算法只增加一个额外的复标量，即信噪比 $\eta_{i,\,k+1}$，与不进行波形选择的分散分布式目标跟踪算法相比，后者需要在每条链路节点上进行通信。

5.4 仿真示例

由 1 个发射站和 7 个接收站组成的分布式多基地雷达系统跟踪目标的仿真场景如图 5.2 所示，显示了系统的几何构型以及接收站之间的网络拓扑结构。

目标做近似匀速运动，$\boldsymbol{x}_0 = [25\,000\text{ m}, 15\,000\text{ m}, -400\text{ m/s}, -200\text{ m/s}]^{\mathrm{T}}$，$q_x = q_y = q = 10\text{ m}^2/\text{s}^3$。在该仿真中，发射站使用高斯 LFM 脉冲和波形库中的脉冲，波形库由不断变化的波长为 λ 和频率为 Δ_F 的 LFM 脉冲构成。假定 $\lambda \in \{10, 28, 46, 64, 82, 100\}(\mu\text{s})$、$\Delta_F \in \{0.1, 0.28, 0.46, 0.64, 0.82, 1\}(\text{MHz})$，发射频率为 $f_\circ = 12\text{ GHz}$，脉冲重复间隔为 $T = 200\text{ ms}$，信号传播速度为 $c = 3\times 10^8\text{ m/s}$。

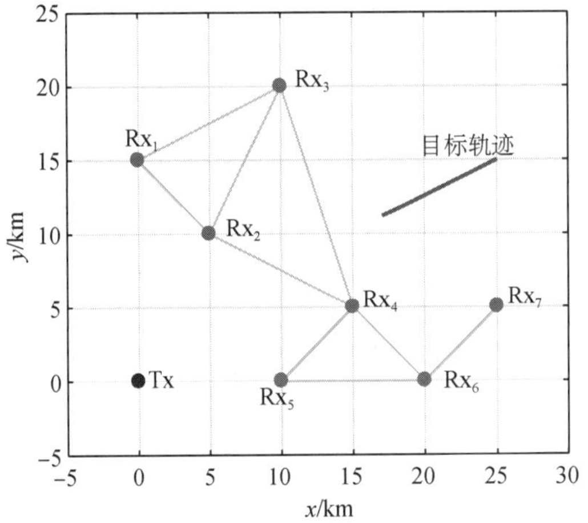

图 5.2　模拟跟踪几何结构和网络拓扑结构

将式(2.38)代入到式(5.3)中，LFM 脉冲对应的 CRLB 矩阵为 $\boldsymbol{C}_{\{\tau,\varrho\}}$，可得到观测误差的方差矩阵 $\boldsymbol{R}_{i,k}$ 表达式为

$$\boldsymbol{R}_{i,k} = \frac{1}{\eta_{i,k}}\begin{bmatrix} 2c^2\lambda^2 & -\dfrac{4bc^2\lambda^2}{f_\circ} \\ -\dfrac{4bc^2\lambda^2}{f_\circ} & \dfrac{c^2}{f_\circ^2}\left(\dfrac{1}{2\pi^2\lambda^2} + 8b^2\lambda^2\right) \end{bmatrix} \tag{5.7}$$

这里，接收站 i 在时刻 k 的信噪比为 $\eta_{i,k} = \dfrac{d_0^4}{\|\boldsymbol{p}_k - \boldsymbol{t}\|^2 \|\boldsymbol{p}_k - \boldsymbol{r}_i\|^2}$，其中 $d_0 = 30\,000\text{ m}$。为了计算选择波形的相位 $\boldsymbol{R}_{i,k+1}(\boldsymbol{\psi})$，可以根据目标状态估计值 $\hat{\boldsymbol{x}}_{i,k+1|k}$、目标-发射站距离和目标-接收站距离，采用近似估计方法，计算出 $\eta_{i,k+1}$。目标航迹初始值 $\hat{\boldsymbol{x}}_{0|-1}$ 由一个正态分布得到，均值是 $\boldsymbol{x}_0$，协方差 $\boldsymbol{P}_{0|-1} = \text{diag}\{1\,000^2, 1\,000^2, 50^2, 50^2\}$。DEKF 中的组合系数 $\{c_{l,i}\}$ 是根据每个与接收站的相连的相邻数加权得到，与文献[53]相关。

为了便于比较，平均 RMSE 通过蒙特卡罗模拟得到，定义为

$$\mathrm{RMSE}_k=\left(\frac{1}{7N_{\mathrm{MC}}}\sum_{n=1}^{N_{\mathrm{MC}}}\sum_{i=1}^{7}\|\hat{\boldsymbol{x}}_{i,k|k}^{\langle n\rangle}-\boldsymbol{x}_k^{\langle n\rangle}\|^2\right)^{\frac{1}{2}} \tag{5.8}$$

式中，$\hat{\boldsymbol{x}}_k^{\langle n\rangle}$ 表示经过 n 次蒙特卡罗计算后，时刻 k 的目标真实状态向量，$\hat{\boldsymbol{x}}_{i,k|k}^{\langle n\rangle}$ 表示接收站 i 对 $\hat{\boldsymbol{x}}_k^{\langle n\rangle}$ 的估计值。

此处，$N_{\mathrm{MC}}=2\,000$ 为所执行的蒙特卡罗运行总数。

图 5.3 比较了 5.2 节中提出的分布式目标跟踪和波形选择算法(在发射端发射 1 号接收站选择的波形)的 RMSE 性能，以及使用固定最小 TB 波形或最大 TB 波形的 DEKF 算法的 RMSE 性能。还包括将这些分布式算法所对应的集中式算法作为性能参考基准。集中式算法假定所有接收站可将其测量值传送到发射站，并且在发射站处以集中方式执行目标跟踪和波形选择过程。我们发现，分布式算法的 RMSE 性能与相应的集中式算法性能非常接近。

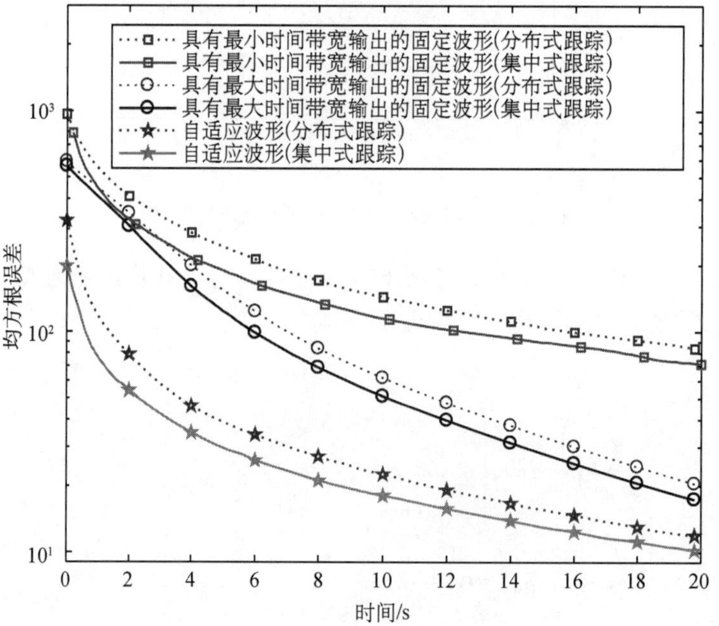

图 5.3 各种波形选择的性能比较

以轻微的性能下降为代价，与第 5.1 节所强调的集中式处理相比，分布式处理具有许多明显优势。更重要的是，图 5.3 也确认了自适应波形选择相对于固定波形设置的性能优势。

图 5.4 显示了分布式目标跟踪和波形选择算法在利用不同接收站选择波形时的 RMSE 性能(所选波形参数模式如图 5.5 和图 5.6 所示)。我们可以看出，无论使用何种波形,RMSE 性能几乎保持不变。

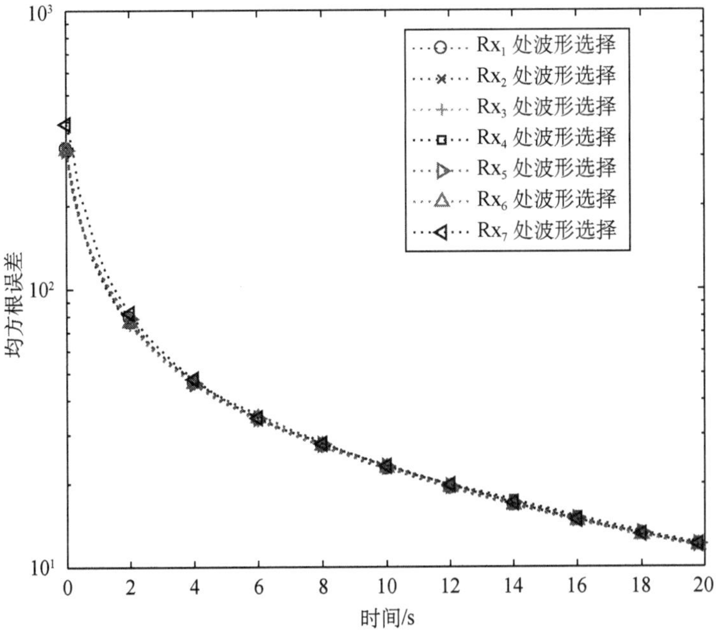

图 5.4　不同接收站波形选择的性能比较

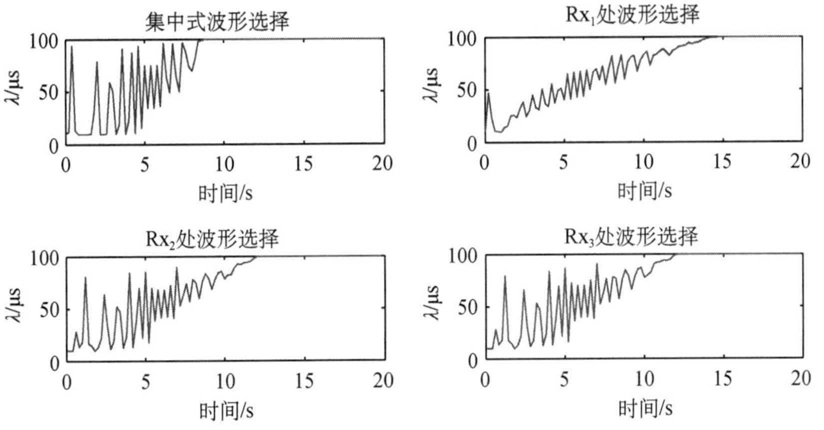

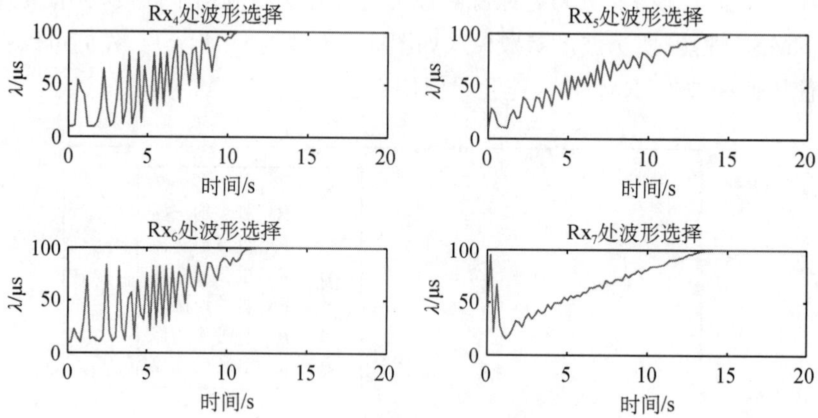

图 5.5 所选波形脉冲长度的模式

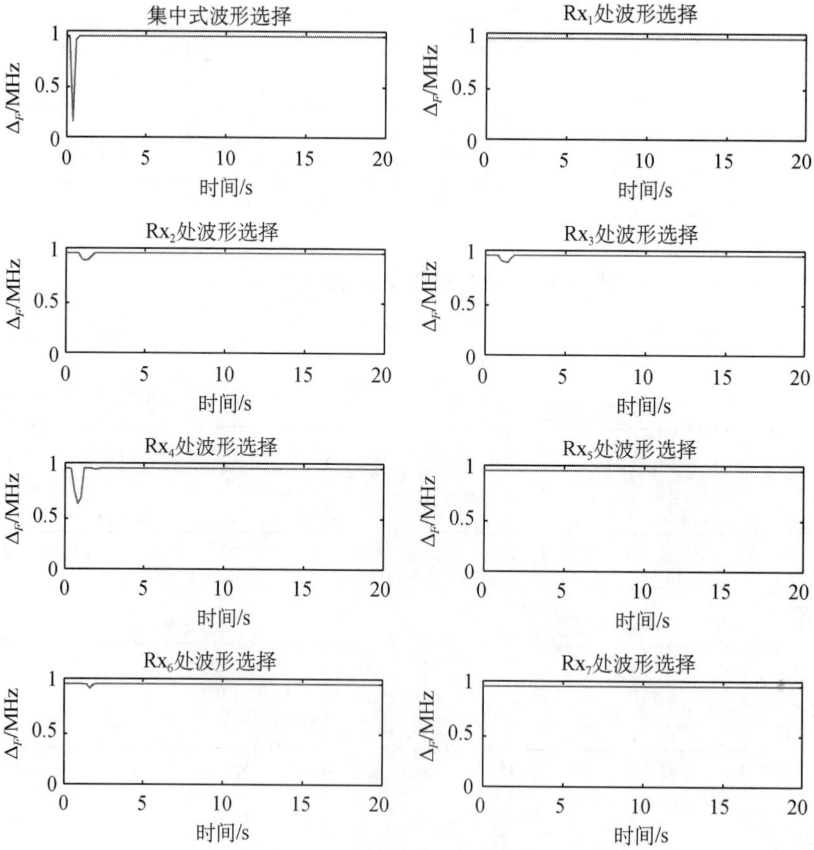

图 5.6 所选波形频率扫描模式

因此，由任何接收站选择的波形均可在发射站处使用，且不影响系统的性能。这使系统具有较强的适应性和鲁棒性。

5.5　小结

本章提出了一种在多基地雷达系统接收站上以完全分散方式进行目标跟踪和波形选择的联合算法。尤其是在接收站形成连接网络后，在网络中，它们可以将测量和跟踪的估计值与紧邻的接收站共享，而目标跟踪和波形选择在每个接收站处利用其封闭邻域中的可用信息来完成。与第 2～4 章所述的集中式处理策略相比，这种分布式处理策略具有许多明显优势，不仅节省了系统的运行和维护成本，而且增加了系统对链路或节点故障的鲁棒性。

第二部分

最优几何构型

“传感器-目标”的相对几何构型(几何位置关系)是影响目标定位与跟踪性能的重要因素。因此,确定传感器的部署位置(即多基地雷达中发射站和接收站的布站位置)以优化定位和跟踪性能是至关重要的。这样的优化问题通常被称为传感器优化部署问题。传感器优化部署的研究文献可分为两种不同的类型:最优控制和参数优化。

最优控制通常用于移动传感器平台的(运动)轨迹优化,也称为最优路径规划(见参考文献[55 - 58])。其思想是在最优控制的框架下使动态估计误差最小。传感器运动轨迹可通过一步或多步的前瞻优化来确定。弹道优化通常受到各种非线性约束影响,包括物理类和几何类约束,如传感器到目标的最小间距、保持通信链路的传感器到传感器的最大距离以及避障和避开威胁等。这种最优控制,通常不存在闭合形式的解,必须使用数值方法,如参数化无约束最优化法[58]、梯度下降法[55-56]和微分包含式的解[55]。

另一方面,参数优化旨在通过最小化目标位置估计的不确定性,来得到在给定目标位置这一先验信息条件下的最优传感器位置(参见[59-65]),这种优化方式通常被称为最优几何构型分析。与最优控制不同的是,参数优化通常可以解析求解。这种解析解揭示了传感器-目标的几何构型如何影响目标估计性能的重要规律。对最优几何构型的分析,还可帮助生成有用的战术策略来优化传感器的运动路径,以便在保持最优目标估计性能的同时,还能提高燃料效率和维持通信距离的限制。

对于各种目标定位问题,如基于 AOA 的定位问题[59-61]、基于 TOA 的定位问题[60-61]、基于 TDOA 的定位问题[62-63]、基于多普勒的定位问题以及基于接收信号强度的定位问题[61,64-65],研究者们都推导出了最优几何构型。这些研究工作大多刻画了基于 FIM 的目标估计性能,而 FIM 是 CRLB 的逆。具体而言,FIM 的行列式被用作求解几何构型优化目标函数的最大值。求解 FIM 行列式的最大值实际上等同于求解估计置信域范围的最小值。在最优试验设计的背景下,这个标准通常被称为“D-最优性准则”[66]。其他准则包括:“A-最优性准则(即求 CRLB 的最小迹)”和“E-最优性准则(即 CRLB 最大特征值的最小值)”。与受输出信号线性变换和参数尺度变化影响的“A-最优性准则”和“E-最优性准则”不同,“D-最优性准则”在这些变换下通常是不变的[66]。

本书的这一部分主要介绍了利用多基地雷达系统收集的 TOA 测量值进行目标定位的最佳几何构型分析问题。基于“D-最优性准则”进行了最优几何构型分析。考虑了两种不同的多基地雷达配置情形。

通过数值解析法和传感器运动轨迹优化的仿真算例,验证了分析结论的准确性。

第 6 章

单发射站多接收站的多基地雷达目标定位最优几何构型

6.1 引言和问题提出

本章针对一发多收的多基地雷达几何构型优化问题，提出了基于二维到达时间(TOA)的目标定位。文献[67]中推导了基于发射站和接收站均大于或等于 3 个的 MIMO 雷达目标定位的几何优化问题。这项研究表明，如果从 M 发 N 收的多基地雷达推导的几何优化直接应用到一发 MN 收的多基地雷达，估计误差会增加 2 倍。然而，正如文献[67-68]中讨论的那样，一发多收的多基地雷达的几何位置并不是最优的，主要是由于发射单元的数量小于 3。文献[68]在接收站是偶数且每个接收站具有相同噪声协方差的特殊条件下，推导了一发多收多基地雷达的几何优化问题。与文献[68]相比，本章考虑的是一般情况，即接收站的数量是随机的，且不同接收站的噪声协方差可以变化。

图 6.1 描述了基于 TOA 的多基地雷达几何位置关系，其中 $\boldsymbol{p}=[p_x, p_y]^{\mathrm{T}}$ 表示要估计的目标位置，$\boldsymbol{t}=[t_x, t_y]^{\mathrm{T}}$ 表示发射单元的位置，$\boldsymbol{r}_i=[r_{x,i}, r_{y,i}]^{\mathrm{T}}(1\leqslant i\leqslant N)$ 表示第 i 个接收站的位置。不失一般性，旋转坐标系保证从发射单元到目标为单位矢量 $\boldsymbol{u}_t=[1, 0]^{\mathrm{T}}$。

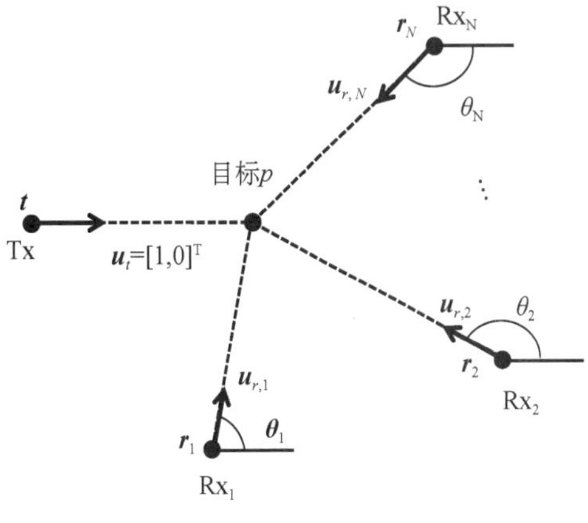

图 6.1　一发多收多基地雷达的几何位置关系

基本的，从第 i 个接收站的 TOA 测量 τ_i 与目标的位置 $\boldsymbol{p}$、发射单元的位置 $\boldsymbol{t}$ 和接收站的位置 $\boldsymbol{r}_i$，可用如下非线性方程式表示：

$$\tilde{\tau}_i(\boldsymbol{p})=\tau_i(\boldsymbol{p})+e_i,\ \tau_i(\boldsymbol{p})=\frac{\|\boldsymbol{p}-\boldsymbol{t}\|+\|\boldsymbol{p}-\boldsymbol{r}_i\|}{c} \tag{6.1}$$

式中，c 是光速；e_i 表示测量误差，可用零均值高斯噪声模型表示。为确保几何分析的一致性，我们允许每个接收站设置不同的误差协方差 $E\{e^{2i}\}$。

通过将式(6.1)两边乘以光速 c，可以获得总的双基地雷达的距离测量方程：

$$\tilde{d}_i(\boldsymbol{p})=d_i(\boldsymbol{p})+n_i,\quad d_i(\boldsymbol{p})=\|\boldsymbol{p}-\boldsymbol{t}\|+\|\boldsymbol{p}-\boldsymbol{r}_i\| \tag{6.2}$$

式中，$n_i=ce_i$ 是 $E\{n_i^2\}=\sigma_i^2$(即 $E\{e_i^2\}=\frac{\sigma_i^2}{c^2}$) 的距离误差。$i=1, \cdots, N$ 时，联立式(6.2)，得到

$$\tilde{\boldsymbol{d}}=[\tilde{d}_1, \cdots, \tilde{d}_N]^{\mathrm{T}}=\boldsymbol{d}(\boldsymbol{p})+\boldsymbol{n}=[d_1, \cdots, d_N]^{\mathrm{T}}+[n_1, \cdots, n_N]^{\mathrm{T}} \tag{6.3}$$

误差向量 $\boldsymbol{n}$ 的协方差矩阵可以用式(6.4)表示：

$$\boldsymbol{\Sigma}=E\{\boldsymbol{n}\boldsymbol{n}^{\mathrm{T}}\}=\mathrm{diag}(\sigma_1^2, \cdots, \sigma_N^2) \tag{6.4}$$

TOA 定位的目标就是通过式(6.3)从 $\tilde{\boldsymbol{d}}$ 中估计出 $\boldsymbol{p}$。获得 $\boldsymbol{p}$ 的唯一解至少需要 3 个及以上接收站 ($N\geqslant 3$)，因为在 2 个接收站 ($N=2$) 的情况下，两个 TOA 椭圆会产生 2 个交点，从而产生“幻影(虚假)”目标。如果关于目标位置区域的一些先验信息可用，那么 2 个接收站也能解决目标的模糊问题。求解式(6.3)中的 $\boldsymbol{p}$ 是一个非线性估计问题，在文献[67-68]中已经解决。在本章中，假设用于目标定位的算法是有效且无偏的，那么估计误差协方差可以用 CRLB(FIM 的逆)来近似。

多基地雷达 TOA 定位问题的 FIM 可用下式表示：

$$\boldsymbol{\Phi}=\boldsymbol{J}_{\circ}^{T}\boldsymbol{\Sigma}^{-1}\boldsymbol{J}_{\circ} \tag{6.5}$$

这里，$J_{\circ}$ 是 $\boldsymbol{d}(\boldsymbol{p})$ 关于 $\boldsymbol{p}$ 的雅克比矩阵。

$$\boldsymbol{J}_{\circ}=\begin{bmatrix}(\boldsymbol{u}_t+\boldsymbol{u}_{r,1})^{\mathrm{T}}\\(\boldsymbol{u}_t+\boldsymbol{u}_{r,2})^{\mathrm{T}}\\\vdots\\(\boldsymbol{u}_t+\boldsymbol{u}_{r,N})^{\mathrm{T}}\end{bmatrix} \tag{6.6}$$

式中，$\boldsymbol{u}_{r,i}=[\cos\theta_i, \sin\theta_i]^{\mathrm{T}}$，$\theta_i$ 是图 6.1 中第 i 个接收站的方位角。实际上，$\boldsymbol{u}_{r,i}$ 是一个从 $\boldsymbol{r}_i$ 指向 $\boldsymbol{p}$ 的单位向量。通过式(6.4)～式(6.6)，可以将 FIM 重新

表示为

$$\boldsymbol{\Phi}=\sum_{i=1}^{N}\frac{1}{\sigma_i^2}(\boldsymbol{u}_t+\boldsymbol{u}_{r,i})(\boldsymbol{u}_t+\boldsymbol{u}_{r,i})^{\mathrm{T}}=\sum_{i=1}^{N}\frac{1}{\sigma_i^2}\begin{bmatrix}(1+\cos\theta_i)^2 & (1+\cos\theta_i)\sin\theta_i\\(1+\cos\theta_i)\sin\theta_i & \sin^2\theta_i\end{bmatrix} \tag{6.7}$$

值得注意的是，根据式(6.7)，FIM 的值与发射站与目标之间的距离以及接收站与目标之间的距离无关。对于给定的测量误差 σ_1^2，…，σ_N^2，FIM 和定位性能仅仅与 θ_1，…，θ_N 相关。因此，几何构型优化问题就是找到发射站、接收站相对于目标的最优角度间隔。具体地讲，就是最大化 FIM 关于 θ_1，…，θ_N 行列式的值：

$$\{\theta_1^*,\cdots,\theta_N^*\}=\underset{\{\theta_1,\cdots,\theta_N\}}{\operatorname{argmax}}\,|\boldsymbol{\Phi}| \tag{6.8}$$

这就是“D-最优性准则”[66]。

6.2　最优几何构型分析

经过若干代数运算后，式(6.7)中 FIM 的行列式可以表示为

$$|\boldsymbol{\Phi}|=\sum_{i=1}^{N}\frac{(1+\cos\theta_i)^2}{\sigma_i^2}\sum_{i=1}^{N}\frac{\sin^2\theta_i}{\sigma_i^2}-\left[\sum_{i=1}^{N}\frac{(1+\cos\theta_i)\sin\theta_i}{\sigma_i^2}\right]^2 \tag{6.9}$$

在 $\{\theta_1,\cdots,\theta_N\}$ 范围内求 $|\boldsymbol{\Phi}|$ 的最大值的解法由以下定理给出。

定理 6.1　$\boldsymbol{\Phi}$ 的最大行列式为

$$|\boldsymbol{\Phi}|_{\max}=\frac{27}{16}\left[\left(\sum_{i=1}^{N}\frac{1}{\sigma_i^2}\right)^2-\left(\sum_{i=1}^{N}\frac{b_i^*}{\sigma_i^2}\right)^2\right] \tag{6.10}$$

可以在式(6.11)和式(6.12)满足的条件下获得。

$$|\theta_1^*|=\cdots=|\theta_N^*|=\frac{\pi}{3}, \tag{6.11}$$

$$\{b_1^*,\cdots,b_N^*\}=\underset{b_i\in\{1,-1\},\,1\leqslant i\leqslant N}{\operatorname{argmin}}\left(\sum_{i=1}^{N}\frac{b_i}{\sigma_i^2}\right)^2 \tag{6.12}$$

这里 $b_i=\operatorname{sgn}(\theta_i)$，sgn(·)代表符号函数。

根据定理 6.1 的结果，图 6.2 显示接收站相对于发射站和目标的最优部署位置。在下文中，我们给出了两个引理用于证明定理 6.1。

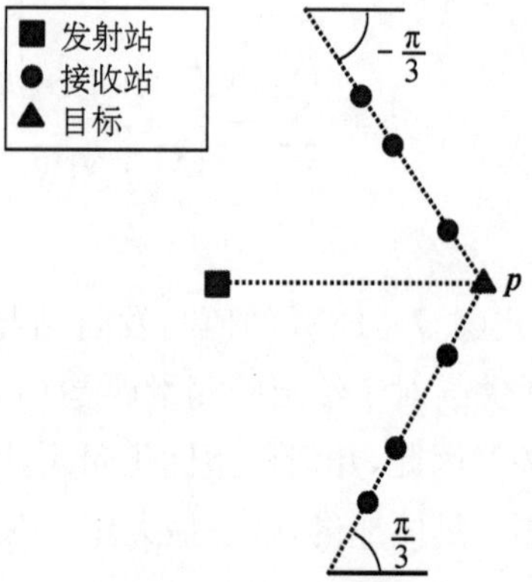

图 6.2　接收站相对目标和发射单元的最优放置位置示例

引理 6.2(最大最优几何构型分析)　如果 $|\theta_1^*|=\cdots=|\theta_N^*|=\frac{\pi}{3}$，且存在一个序列 b_i^* 满足

$$\left(\sum_{i=1}^{N}\frac{b_i^*}{\sigma_i^2}\right)^2=0, \tag{6.13}$$

式(6.9)中 $|\boldsymbol{\Phi}|$ 的最大值为

$$|\boldsymbol{\Phi}|_{\max}=\frac{27}{16}\left(\sum_{i=1}^{N}\frac{1}{\sigma_i^2}\right)^2 \tag{6.14}$$

证明:令 $a_i=(1+\cos\theta_i)$ 且 $0\leqslant a_i\leqslant 2$，可以得到 $\sin^2\theta_i=a_i(2-a_i)$，式(6.9)右侧的第一项可以表示为

$$\boldsymbol{A}=\sum_{i=1}^{N}\frac{a_i^2}{\sigma_i^2}\sum_{i=1}^{N}\frac{a_i(2-a_i)}{\sigma_i^2}=\sum_{i=1}^{N}\frac{a_i^2}{\sigma_i^2}\left(2\sum_{i=1}^{N}\frac{a_i}{\sigma_i^2}-\sum_{i=1}^{N}\frac{a_i^2}{\sigma_i^2}\right) \tag{6.15}$$

以下幂均值不等式适合于任何实数[71]：

$$\left(\sum_{i=1}^{N}\frac{a_i}{\sigma_i^2}\right)^2\leqslant\sum_{i=1}^{N}\frac{1}{\sigma_i^2}\sum_{i=1}^{N}\frac{a_i^2}{\sigma_i^2} \tag{6.16}$$

当且仅当 $a_1=\cdots=a_N$ 时等号成立。因为对于所有 $i=1,\cdots,N$，$a_i\geqslant 0$，可以得到

$$\sum_{i=1}^{N}\frac{a_i}{\sigma_i^2}\leqslant\left(\sum_{i=1}^{N}\frac{1}{\sigma_i^2}\right)^{\frac{1}{2}}\left(\sum_{i=1}^{N}\frac{a_i^2}{\sigma_i^2}\right)^{\frac{1}{2}} \tag{6.17}$$

将式(6.17)代入式(6.15)得到

$$A \leqslant 2\left(\sum_{i=1}^{N}\frac{1}{\sigma_i^2}\right)^{\frac{1}{2}} b^{\frac{3}{2}} - b^2 \tag{6.18}$$

式中，$b=\sum_{i=1}^{N}\frac{a_i^2}{\sigma_i^2}$。因为 $b\geqslant 0$，如果 $b=\frac{9}{4}\sum_{i=1}^{N}\frac{1}{\sigma_i^2}$，则式(6.18)的右边最大值为 $\frac{27}{16}\left(\sum_{i=1}^{N}\frac{1}{\sigma_i^2}\right)^2$。因此，可以得到

$$A \leqslant \frac{27}{16}\left(\sum_{i=1}^{N}\frac{1}{\sigma_i^2}\right)^2 \tag{6.19}$$

上式成立时，须满足下列条件：

$$a_1=\cdots=a_N, \tag{6.20a}$$

$$b=\sum_{i=1}^{N}\frac{a_i^2}{\sigma_i^2}=\frac{9}{4}\sum_{1}^{N}\frac{1}{\sigma_i^2} \tag{6.20b}$$

可见，当 $a_1=\cdots=a_N=\frac{3}{2}$ 或者 $|\theta_1|=\cdots=|\theta_N|=\frac{\pi}{3}$ 时，A 取最大值。

给定 $|\theta_1|=\cdots=|\theta_N|=\frac{\pi}{3}$，如果满足式(6.13)的序列 b_i^* 存在，可以按照序列 b_i^* 分配给 θ_i 的符号，使式(6.9)右边的第二项为零。这就会依据式(6.14)给出 $|\boldsymbol{\Phi}|$ 的最大值。

引理 6.3(最优几何构型分析)　如果式(6.13)不能满足，当 $|\theta_1|=\cdots=|\theta_N|=\frac{\pi}{3}$ 且下式成立时，

$$\{b_1^*, \cdots, b_N^*\}=\underset{b_i\in\{1,-1\},\,1\leqslant i\leqslant N}{\operatorname{argmin}}\left(\sum_{i=1}^{N}\frac{b_i}{\sigma_i^2}\right)^2 \tag{6.21}$$

式(6.9)中的 $|\boldsymbol{\Phi}|$ 取得最大值，该最大值由式(6.10)给出。

证明：如果没有序列 b_i 满足式(6.13)，则在 $|\theta_1|=\cdots=|\theta_N|=\frac{\pi}{3}$ 的条件下，公式(6.9)右边第二项不能为零。然而，在其他角度排列而不是 $|\theta_1|=\cdots=|\theta_N|=\frac{\pi}{3}$ 时，公式(6.9)右边第二项仍然可能为零。在这种情况下，将式(6.9)右边的第一项最大化和第二项最小化是不能同时实现的。

重要的是，即使式(6.13)条件不能满足时，角度排列 $|\theta_1|=\cdots=|\theta_N|=\frac{\pi}{3}$ 是 $|\boldsymbol{\Phi}|$ 的临界点，而无关乎符号序列，证明见6.6节附录A。因此，如果其他的临界点不存在，则引理6.3给出的解将明确所有接收站的最佳角度布置。附录A并没有直接排除 $N\geqslant 3$ 情况下的其他临界值存在。接下来，我们将表明，对接收站的最优角度设置为 $\pm\frac{\pi}{3}$ 所进行的任何重新部署，都相当于增加了原始最优几何构型中重新定位的接收站的噪声。因此，无论是否存在 $|\boldsymbol{\Phi}|$ 的其他临界点，引理6.3都提供了最优的几何解。

我们从引理6.3中得到最优几何构型，并注意到：

$$\left(\sum_{i=1}^{N}\frac{b_i^*}{\sigma_i^2}\right)^2>0 \tag{6.22}$$

假设我们将 θ_i 从 $|\theta_i|=\frac{\pi}{3}$（即引理6.3中给出的最优值）转换为新值 θ_i'。这对应于接收站 i 从 r_i 到 r_i' 的重新部署(参见图6.3左边的图释)。我们主要感兴趣的是看这些角度变化是否会导致 $|\boldsymbol{\Phi}|$ 的值在最初的最优几何构型中增加。

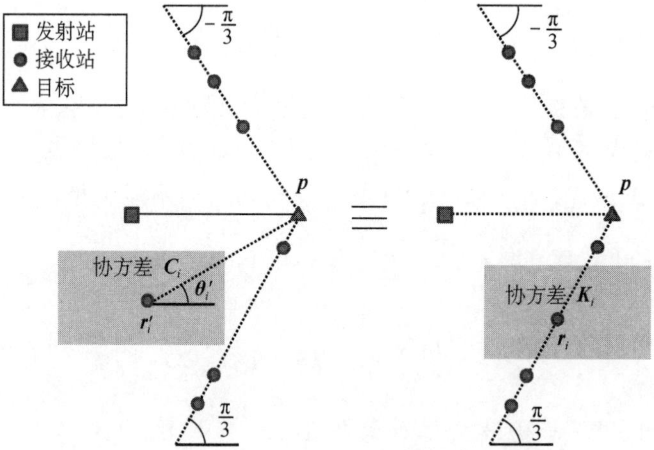

图6.3　第 i 个接收站从 $r_i\left(\theta_i=\frac{\pi}{3}\right)$ 到 $r_i'\left(\theta_i'\neq\frac{\pi}{3}\right)$ 的重新定位，等同于在初始最优几何布局中将 r_i 处的噪声从 C_i 增加到 K_i，从而导致FIM行列式的减小

在位置 r_i 处的接收站 i，对FIM的原始贡献可以表示为

$$\boldsymbol{C}_i^{-\frac{1}{2}}\begin{bmatrix}1+\cos\theta_i\\ \sin\theta_i\end{bmatrix}[1+\cos\theta_i \quad \sin\theta_i]\boldsymbol{C}_i^{-\frac{1}{2}}=\begin{bmatrix}\dfrac{1+\cos\theta_i}{\sigma_i}\\ \dfrac{\sin\theta_i}{\sigma_i}\end{bmatrix}\begin{bmatrix}\dfrac{1+\cos\theta_i}{\sigma_i} & \dfrac{\sin\theta_i}{\sigma_i}\end{bmatrix}$$

$$=\frac{1}{\sigma_i^2}\begin{bmatrix}(1+\cos\theta_i)^2 & (1+\cos\theta_i)\sin\theta_i\\ (1+\cos\theta_i)\sin\theta_i & \sin^2\theta_i\end{bmatrix}=\frac{3}{4\sigma_i^2}\begin{bmatrix}3 & \sqrt{3}b_i^*\\ \sqrt{3}b_i^* & 1\end{bmatrix} \tag{6.23}$$

式中，$\boldsymbol{C}_i$ 可以被视为接收站 i 处的 TOA 噪声“协方差”矩阵：

$$\boldsymbol{C}_i=\begin{bmatrix}\sigma_i^2 & 0\\ 0 & \sigma_i^2\end{bmatrix} \tag{6.24}$$

式(6.23)基本上是 $[1+\cos\theta_i,\ \sin\theta_i]^{\mathrm{T}}$ 的外部矩阵，并以协方差矩阵 $\boldsymbol{C}_i$ 作为加权矩阵。从这个意义上来说，$\boldsymbol{C}_i$ 表示接收站 i 的噪声电平。噪声电平的比较通常基于置信区域，与 $|\boldsymbol{C}_i|=(\sigma_i^2)^2$ 及其均方误差成比例，其中均方误差等于矩阵 $\boldsymbol{C}_i$ 的平均迹，也即 $\dfrac{1}{2}\mathrm{tr}\,\boldsymbol{C}_i=\sigma_i^2$。现采用这两个指标进行分析。

考虑通过将 θ_i 变为 θ_i'，实现接收站 i 从 $\boldsymbol{r}_i$ 到 $\boldsymbol{r}_i'$ 的重新部署(为保持方位角的标识，若 $b_i^*=1$，则 $0\leqslant\theta_i'\leqslant\pi$；若 $b_i^*=-1$，则 $-\pi\leqslant\theta_i'\leqslant 0$)。重新部署的接收站对 FIM 的贡献为[参见式(6.23)]

$$\begin{aligned}&\boldsymbol{C}_i^{-\frac{1}{2}}\begin{bmatrix}1+\cos\theta_i'\\ \sin\theta_i'\end{bmatrix}[1+\cos\theta_i' \quad \sin\theta_i']\boldsymbol{C}_i^{-\frac{1}{2}}\\ &=\boldsymbol{K}_i^{-\frac{1}{2}}\begin{bmatrix}1+\cos\theta_i\\ \sin\theta_i\end{bmatrix}[1+\cos\theta_i \quad \sin\theta_i]\boldsymbol{K}_i^{-\frac{1}{2}}\end{aligned} \tag{6.25}$$

这里，$\boldsymbol{K}_i$ 是 TOA 噪声的等效协方差阵，就像接收站 i 仍然保持在其初始位置 $\boldsymbol{r}_i$(参见图 6.3 的右侧部分)。实际上 $\boldsymbol{K}_i$ 可以明确地写为

$$\boldsymbol{K}_i=\begin{bmatrix}\sigma_{xi}^2 & 0\\ 0 & \sigma_{yi}^2\end{bmatrix} \tag{6.26}$$

且有

$$\sigma_{xi}=\left(\frac{1+\cos\theta_i}{1+\cos\theta_i'}\right)\sigma_i=\frac{3}{2}\left(\frac{\sigma_i}{1+\cos\theta_i'}\right),\quad \sigma_{yi}=\left(\frac{\sin\theta_i}{\sin\theta_i'}\right)\sigma_i=\frac{\sqrt{3}}{2}\left(\frac{\sigma_i}{|\sin\theta_i'|}\right)$$

$\boldsymbol{K}_i$ 的行列式为

$$|\boldsymbol{K}_i|=\sigma_{xi}^2\sigma_{yi}^2=\frac{27}{16}\left[\frac{(\sigma_i^2)^2}{(1+\cos\theta'_i)^2\sin^2\theta'_i}\right] \tag{6.27}$$

注意到 $(1+\cos\theta'_i)^2\sin^2\theta'_i\leqslant\frac{27}{16}$，其中当 $|\theta'_i|=\frac{\pi}{3}$ 时，等式成立，我们有

$$|\boldsymbol{K}_i|>|\boldsymbol{C}_i| \tag{6.28}$$

这意味着如果接收站 i 从其最优角位置处进行重新定位，则 TOA 误差的有效椭圆面积将增加。$\boldsymbol{K}_i$ 的平均迹为

$$\frac{1}{2}\mathrm{tr}\,\boldsymbol{K}_i=\frac{1}{2}(\sigma_{xi}^2+\sigma_{yi}^2) \tag{6.29}$$

利用算术平均数和几何平均数的不等式[71]，以及式(6.27)和式(6.28)，得出

$$\frac{1}{2}\mathrm{tr}\,\boldsymbol{K}_i>\sigma_{xi}\sigma_{yi}>\frac{1}{2}\mathrm{tr}\,\boldsymbol{C}_i \tag{6.30}$$

因此，这意味着如果接收站 i 从其最优角位置进行重新部署，则均方误差实际上也将增大。

上述结果表明：接收站 i 从 r_i 到 r'_i 进行重新部署，等效于将接收站 i 保持在其最初的最优角位置，但是会增大噪声电平。接收站任何噪声电平的增加都将减小 FIM 行列式的值，从而降低定位性能。为了得到引理 6.3 中描述的最优几何角度，第 6.6 节(附录 B)中的 $|\boldsymbol{\Phi}|$ 可以描述为 σ_i 的递减函数。因此，不能通过引理 6.3 中对任意具有最优角位置接收站进行重新定位，来增加 $|\boldsymbol{\Phi}|$。

到目前为止，我们已经考虑了 θ'_i 和 θ_i 符号相同的情况。如果 θ'_i 和 θ_i 有不同的符号，则可以从 $\theta_i=-\frac{b_i^*\pi}{3}$ 的几何构型开始，然后遵循与上述相同的噪声注入方法。我们注意到 $\theta_i=-\frac{b_i^*\pi}{3}$ 的几何构型不再是最优的，这是由于符号翻转的缘故[见式(6.10)]，符号序列 $\{b_1, \cdots, b_N\}$ 不是最优的。结果，在这种情况下，接收站进行重新部署将导致将更多的噪声引入系统。因此，我们排除了 $|\boldsymbol{\Phi}|$ 在这种情况下大于其最优值的可能性。如果符号翻转，$\theta_i=-\frac{b_i^*\pi}{3}$，这将导致所有的角都有相同的符号，$|\boldsymbol{\Phi}|$ 将变为零，这等同于 $\sigma_i\to\infty$ 的情形。因此，进行重新部署可以有效降低一些接收站的测量噪声，然而这将使得协方差的

估计值难以降低到如上所示的最优协方差值。

尽管在前述讨论中考虑了一个接收站的重新部署，也可将结论直接推广到多个接收站。因此，我们得出结论：如果条件(6.13)不能满足，则按照 $|\theta_1^*|=\cdots=|\theta_N^*|=\dfrac{\pi}{3}$ 的方式对接收站位置进行选址编排，$\mathrm{sgn}(\theta_i^*)$ 由式(6.21)给出，可使 $|\boldsymbol{\Phi}|$ 取得最大值，并形成最优几何布局。

6.3　示例

示例 1：2 个接收站的情形($N=2$)。

最优角度几何构型为

$$\{\theta_1^*,\ \theta_2^*\}=\left\{\frac{\pi}{3},\ -\frac{\pi}{3}\right\}, \tag{6.31a}$$

$$\{\theta_1^*,\ \theta_2^*\}=\left\{-\frac{\pi}{3},\ \frac{\pi}{3}\right\} \tag{6.31b}$$

从而有

$$|\boldsymbol{\Phi}|_{\max}=\frac{27}{4\sigma_1^2\sigma_2^2} \tag{6.32}$$

图 6.4 绘制了 $|\boldsymbol{\Phi}|$ 作为 θ_1 和 θ_2 的函数曲线。可看出 $|\boldsymbol{\Phi}|$ 的最大值与推导出的最优几何构型完美匹配。

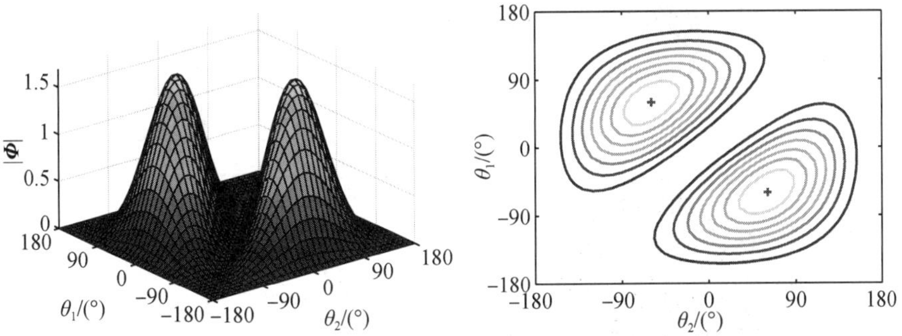

图 6.4　当 $\sigma_1=1$, $\sigma_2=2$ 时，两个接收站 FIM 行列式关于 θ_1 和 θ_2 的曲线图

最大值出现在$\{\theta_1^*,\ \theta_2^*\}=\{60°,\ -60°\}$处，且在等值线图中用“+”表示

示例 2：3 个接收站的情形($N=3$)。

给定 $\sigma_1<\sigma_2<\sigma_3$，最优角度几何构型为

$$\{\theta_1^*,\ \theta_2^*,\ \theta_3^*\}=\left\{\frac{\pi}{3},\ -\frac{\pi}{3},\ -\frac{\pi}{3}\right\}, \tag{6.33a}$$

$$\{\theta_1^*, \theta_2^*, \theta_3^*\} = \left\{-\frac{\pi}{3}, \frac{\pi}{3}, \frac{\pi}{3}\right\} \tag{6.33b}$$

因此有

$$|\boldsymbol{\Phi}|_{\max} = \frac{27(\sigma_2^2 + \sigma_3^2)}{4\sigma_1^2\sigma_2^2\sigma_3^2} \tag{6.34}$$

图 6.5 为该示例的 $|\boldsymbol{\Phi}|$ 曲线图。

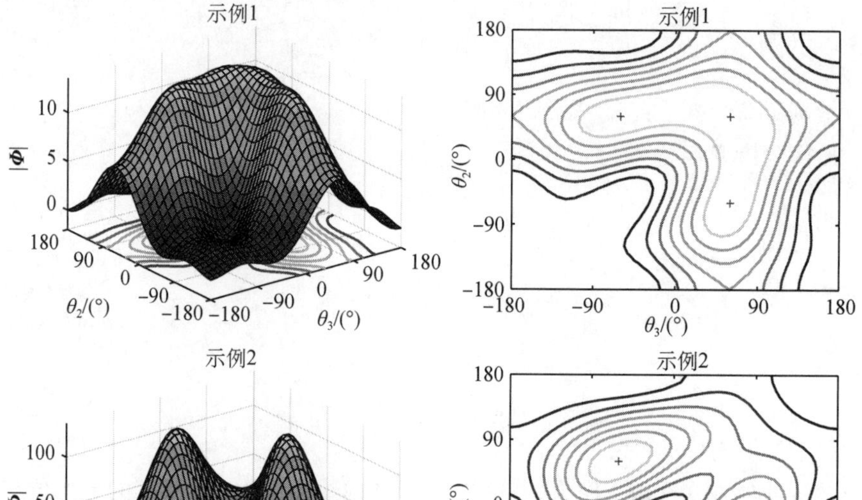

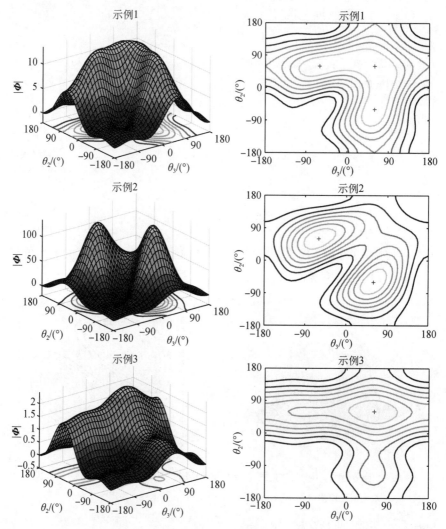

图 6.5　$\boldsymbol{\theta_1}=60°$(最大值用"+"表示)时,三个接收站 FIM 行列式关于 $\boldsymbol{\theta_2}$ 和 $\boldsymbol{\theta_3}$ 的曲线图

示例 1：$\sigma_1=\sigma_2=\sigma_3=1$(最大值出现在 $\{\theta_2^*, \theta_3^*\}=\{60°, 60°\}, \{60°, -60°\}, \{-60°, 60°\}$ 处)；

示例 2：$\sigma_1=1, \sigma_2=\sigma_3=0.5$(最大值出现在 $\{\theta_2^*, \theta_3^*\}=\{60°, -60°\}, \{-60°, 60°\}$ 处)；

示例 3：$\sigma_1=1, \sigma_2=2, \sigma_3=3$(最大值出现在 $\{\theta_2^*, \theta_3^*\}=\{60°, 60°\}$ 处)

示例 3:4 个接收站的情形（$N=4$）。

给定 $\sigma_1<\sigma_2<\sigma_3<\sigma_4$，如有 $\frac{1}{\sigma_1^2}>\left(\frac{1}{\sigma_2^2}+\frac{1}{\sigma_3^2}\right)$，则最优几何构型为

$$\{\theta_1^*, \theta_2^*, \theta_3^*, \theta_4^*\}=\left\{\frac{\pi}{3}, -\frac{\pi}{3}, -\frac{\pi}{3}, -\frac{\pi}{3}\right\}, \tag{6.35a}$$

$$\{\theta_1^*, \theta_2^*, \theta_3^*, \theta_4^*\}=\left\{-\frac{\pi}{3}, \frac{\pi}{3}, \frac{\pi}{3}, \frac{\pi}{3}\right\} \tag{6.35b}$$

否则，最优几何构型分析为

$$\{\theta_1^*, \theta_2^*, \theta_3^*, \theta_4^*\}=\left\{\frac{\pi}{3}, -\frac{\pi}{3}, -\frac{\pi}{3}, \frac{\pi}{3}\right\}, \tag{6.36a}$$

$$\{\theta_1^*, \theta_2^*, \theta_3^*, \theta_4^*\}=\left\{-\frac{\pi}{3}, \frac{\pi}{3}, \frac{\pi}{3}, -\frac{\pi}{3}\right\} \tag{6.36b}$$

示例 4:具有相同噪声功率的偶数个接收站。

如有 $\sigma_1=\cdots=\sigma_N=\sigma$ 且 N 为偶数，此为文献[68]中考虑的情形，则最优角度几何为

$$\theta_1^*=\cdots=\theta_{\frac{N}{2}}^*=\frac{\pi}{3}, \tag{6.37a}$$

$$\theta_{\frac{N}{2}+1}^*=\cdots=\theta_N^*=-\frac{\pi}{3} \tag{6.37b}$$

从而得到

$$|\boldsymbol{\Phi}|_{\max}=\frac{27N^2}{16\sigma^4} \tag{6.38}$$

最优值不受接收站部署排列组合的影响，因为不同的接收站具有相同的噪声方差。这里推导出的几何构型与文献[68]中给出的几何构型不同，文献[68]中有一半的接收站，其方位角为 70.53°（即 1.231 rad），其余接收站的方位角为 −70.53°。注意到文献[68]中使用“A-最优性准则”，用其来代替本文分析中提到的“D-最优性准则”，这种差异性是可以解释的。

示例 5:具有相同噪声功率的奇数个接收站。

如果 $\sigma_1=\cdots=\sigma_N=\sigma$ 且 N 为奇数，我们有

$$\theta_1^*=\cdots=\theta_{\frac{N-1}{2}}^*=\frac{\pi}{3}, \tag{6.39a}$$

$$\theta^*_{\frac{N+1}{2}} = \cdots = \theta^*_N = -\frac{\pi}{3} \tag{6.39b}$$

因此有

$$|\boldsymbol{\Phi}|_{\max} = \frac{27(N^2-1)}{16\sigma^4} \tag{6.40}$$

在这种情况下，最优值也不受接收站部署排列组合的影响。该例子可以在图 6.5(示例 1) $N=3$ 中找到相应的图释。

6.4 仿真示例

6.4.1 数值解

为了验证推导出的最优几何构型解，采用遗传算法对式(6.8)中的参数 $|\boldsymbol{\Phi}|$ 全局最大值进行数值求解[72]。当连续迭代至第 50 代时，最优适应度函数值的平均相对差异小于 10^{-20} 或当算法迭代达到 1 000 次时，终止遗传算法的迭代。为了确保存有多个最优几何构型的情形，获得所有解，我们将每个角度的搜索区域划分为[−180°, 0°]和[0°, 180°]，并分别在这些区域上执行遗传算法。

在消除错误解之后，通过对模拟运行 500 次的结果求均值来获得数值解，并且将相同角度几何构型的所有不同实现方案转换成一个通用的、有代表性的实现方案。表 6.1～表 6.3 给出了当 $N=2, 3, 4$ 时，在各种噪声条件下的最优几何构型的数值解。注意到该数值解与第 6.3 节中推导出的最优几何构型完全匹配。

表 6.1　N=2 时的遗传算法解

	$\boldsymbol{\sigma}_1$	$\boldsymbol{\sigma}_2$	$\boldsymbol{\theta}_1$	$\boldsymbol{\theta}_2$
Case 1*	1	1	60.00°	−60.00°
Case 2*	1	2	60.00°	−60.00°
Case 3*	1	3	60.00°	−60.00°

*注：与示例 1 中的分析结果一致。

表 6.2　N=3 时的遗传算法解

	$\boldsymbol{\sigma}_1$	$\boldsymbol{\sigma}_2$	$\boldsymbol{\sigma}_3$	$\boldsymbol{\theta}_1$	$\boldsymbol{\theta}_2$	$\boldsymbol{\theta}_3$
Case 1[a]	1	2	3	60.00°	−60.00°	−60.00°
Case 2[b]	1	$\frac{2}{\sqrt{3}}$	2	60.00°	−60.00°	−60.00°

注：a 不满足条件(6.13)；b 满足条件(6.13)。

表 6.3　N=4 时的遗传算法解

	$\boldsymbol{\theta}_1$	$\boldsymbol{\theta}_2$	$\boldsymbol{\theta}_3$	$\boldsymbol{\theta}_4$
Case 1[a]	60.00°	60.00°	−60.00°	−60.00°
Case 2[b]	60.00°	−60.00°	−60.00°	−60.00°
Case 3[c]	60.00°	−60.00°	−60.00°	60.00°

注：a 情况 1，$\sigma_1=\sigma_2=\sigma_3=\sigma_4=1$，当误差方差相等时(匹配示例 4 中的分析结果)，接收站可变换；
b 情况 2，$\sigma_1=1$，$\sigma_2=2$，$\sigma_3=3$，$\sigma_4=4$(与示例 3 中第一种情况的分析结果一致)；
c 情况 3，$\sigma_1=1.8$，$\sigma_2=2$，$\sigma_3=3$，$\sigma_4=4$(与示例 3 中第二种情况的分析结果一致)。

6.4.2　传感器运动轨迹优化

移动传感器平台的轨迹优化实际上是传感器最优布局的另一种表现形式。在本节中，我们将对无人机平台的轨迹优化进行仿真研究，将无人机作为移动接收平台。在仿真中，发射站固定在 $\boldsymbol{t}=[-20,\ 0]^{\mathrm{T}}$ km 处，而目标位置设置为 $\boldsymbol{p}=[0,\ 0]^{\mathrm{T}}$ km。我们的主要目的是将 6.2 节中给出的最优几何构型的解析值与无人机最终形成的几何构型进行比较。

无人机运动轨迹优化和控制是基于梯度下降的优化方法使 FIM 的行列式值最大[56]：

$$\boldsymbol{s}(n+1)=\boldsymbol{s}(n)+\boldsymbol{M}(n)\frac{\partial J_{\mathrm{T}}(\boldsymbol{s}(n))}{\partial \boldsymbol{s}(n)} \tag{6.41}$$

式中，$\boldsymbol{s}(n)$ 是 n 时刻 UAV 的位置向量；$\boldsymbol{M}(n)$ 是时变步长矩阵，要求每个 UAV 遵循由梯度引导的方向，并且在连续时刻之间保持均匀距离，$J_{\mathrm{T}}(\boldsymbol{s}(n))=|\boldsymbol{\Phi}|$ 是需要最大化的目标函数。在仿真模拟过程中，我们采用一阶有限差分近似法[73]来计算 $J_{\mathrm{T}}(\boldsymbol{s}(n))$ 的梯度，其中文献[56]中的常数被设置为 $\Delta=100$ m。由于目标的真实位置在实际情况中是未知的，因此使用线性迭代最小二乘估计法[74]从已估计的目标位置值来解算 $|\boldsymbol{\Phi}|$。接收站的 TOA 误差方差可建模为与距离相关的量[75]，即 $E\{e^2\}=\dfrac{\varrho_0^2(R_{\mathrm{T}}^2R_{\mathrm{R}}^2)}{R_0^4}$，其中 R_{T} 和 R_{R} 分别表示目标到发射站和接收站的距离。这里，我们将参考范围 R_0 设置为 20 km，并将常数 ϱ_0 设为 1 μs。时间步长为 $\Delta_{\mathrm{T}}=10$ s，无人机的最大飞行速度为 30 m/s。因此，UAV 在一个时间步长内可以飞行的最大距离是 300 m。信号传播速度设定为 $c=3\times 10^8$ m/s。对无人机施加一个硬约束，迫使它们与目标保持一个最小的距离间隔(对于接收站 i 用 l_i 表示)。

我们考虑了无人机数量分别为 $N=2,\ 3,\ 4$，且具有 3 种不同的初始位置的想定示例。无人机最优运动轨迹仿真如图 6.6～图 6.9 所示。我们观察到无人机趋向目标运动，直到它们到达与目标的最小约束距离，随着无人机越来越接近目标，TOA 的误差方差随之减小。在达到最小距离约束之后，UAV 将绕着目标进行圆形约束条件运动，直到它们形成最优角度几何构型。如果存在多个最优几何构型，由这些 UAV 形成的最终角度布局将受 UAV 初始位置的影响。在图 6.6～图 6.9 中，可以观察到 UAV 的最终几何构型与第 6.2 节中推导出的最优几何构型非常吻合。

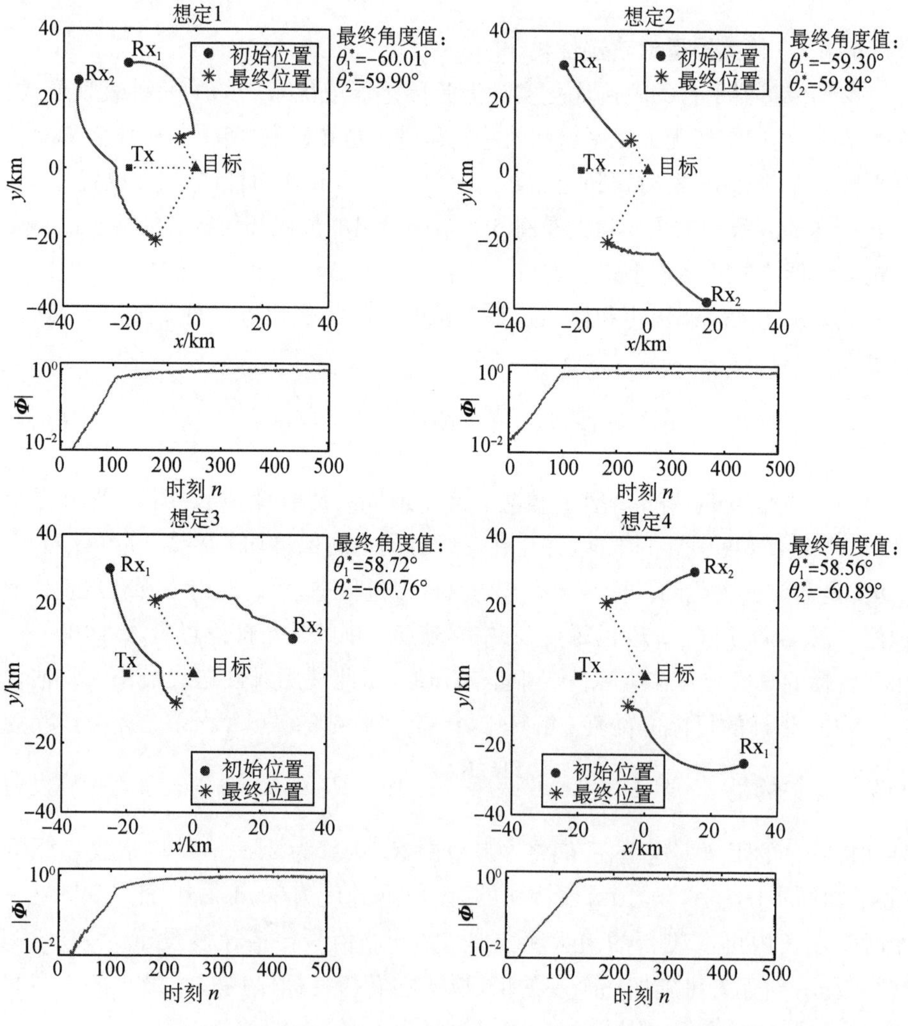

图 6.6　2 个 UAV 在 $l_1=10$ km 和 $l_1=24$ km 硬约束条件下的航迹优化

由 UAV 形成的最终几何构型与示例 1 中的解析几何解非常匹配

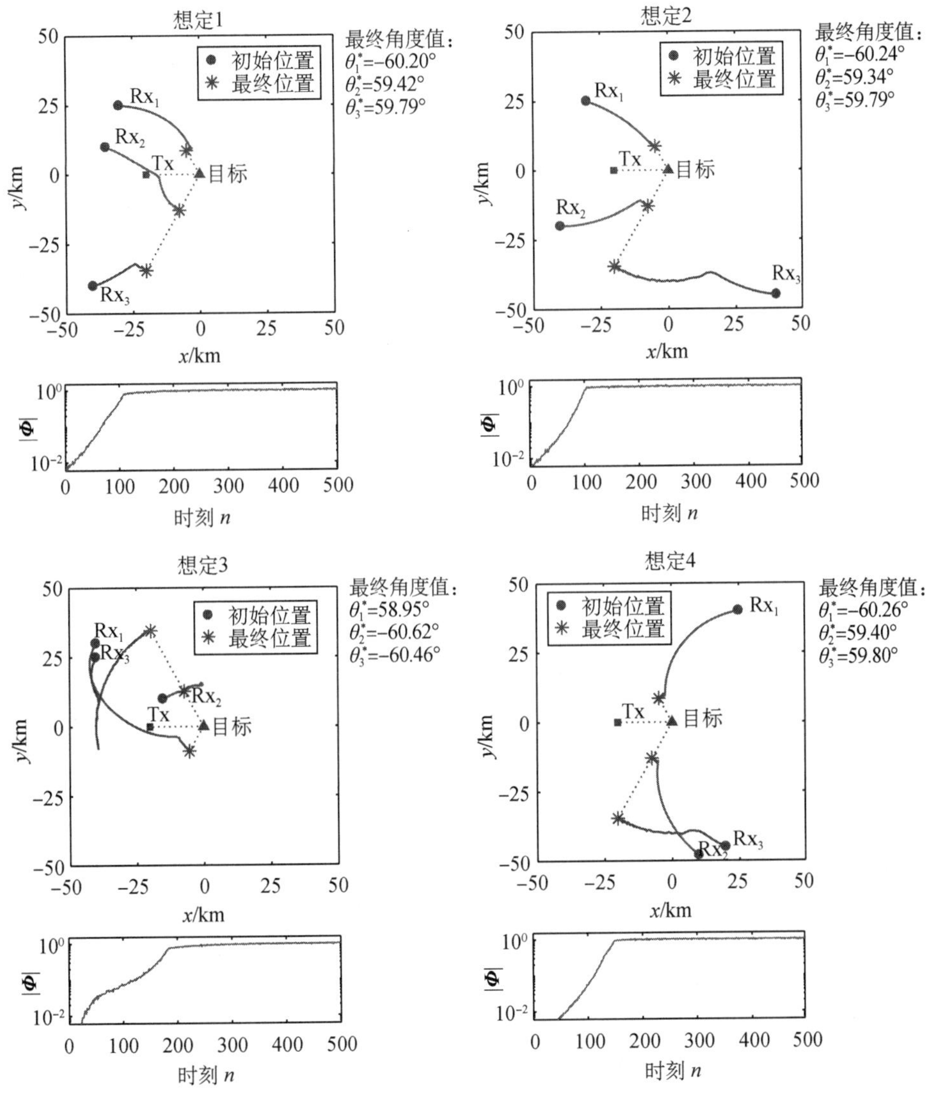

图 6.7　三架无人机的航迹优化

硬约束为 $l_1 = 10$ km，$l_2 = 15$ km，$l_3 = 40$ km（也即当所有无人机达到其硬约束时，有 $\sigma_1 < \sigma_2 < \sigma_3$）；UAV 形成的最终几何构型与示例 2 中的解析几何解非常匹配

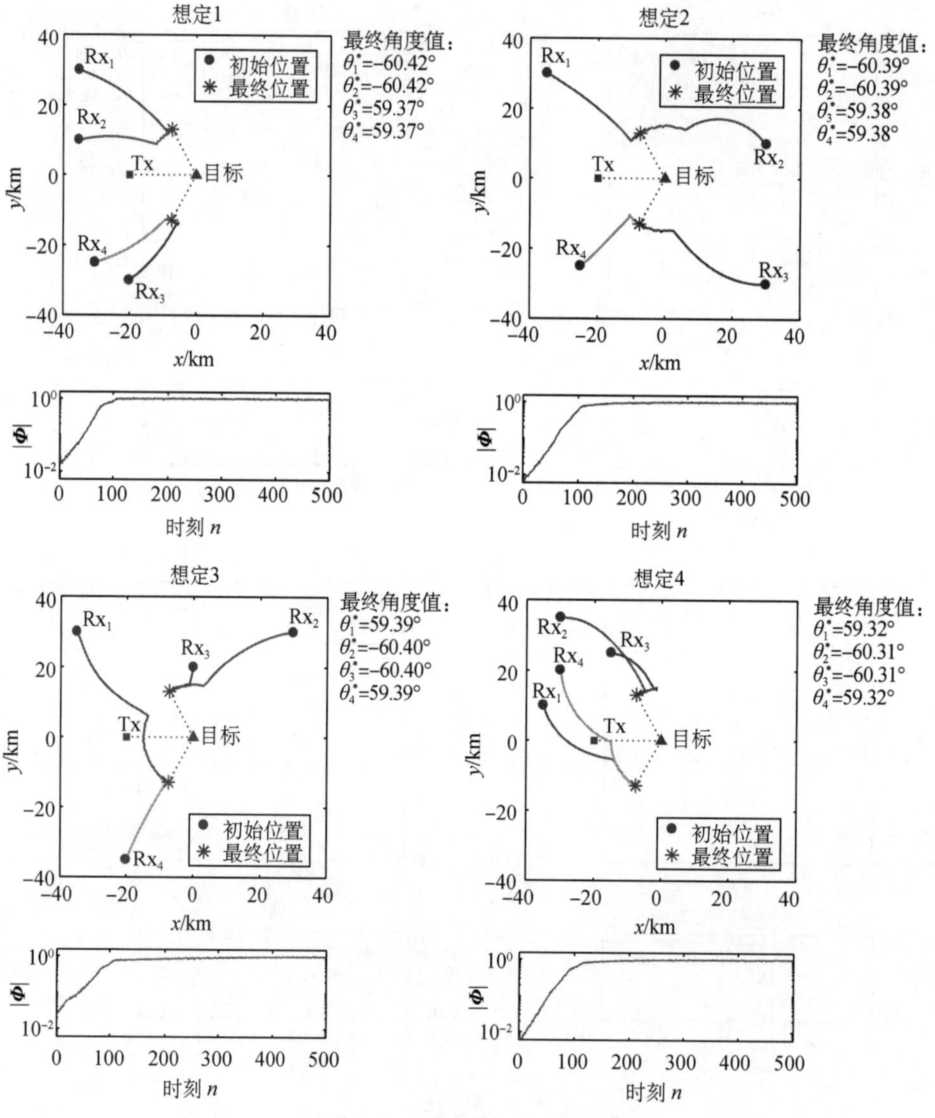

图 6.8　四架无人机的航迹优化

硬约束为 $l_1 = l_2 = l_3 = l_4 = 15\,\text{km}$，也即当所有 UAV 达到其硬约束时，误差方差相同，由 UAV 形成的最终几何形状与示例 4 中的解析几何解非常匹配

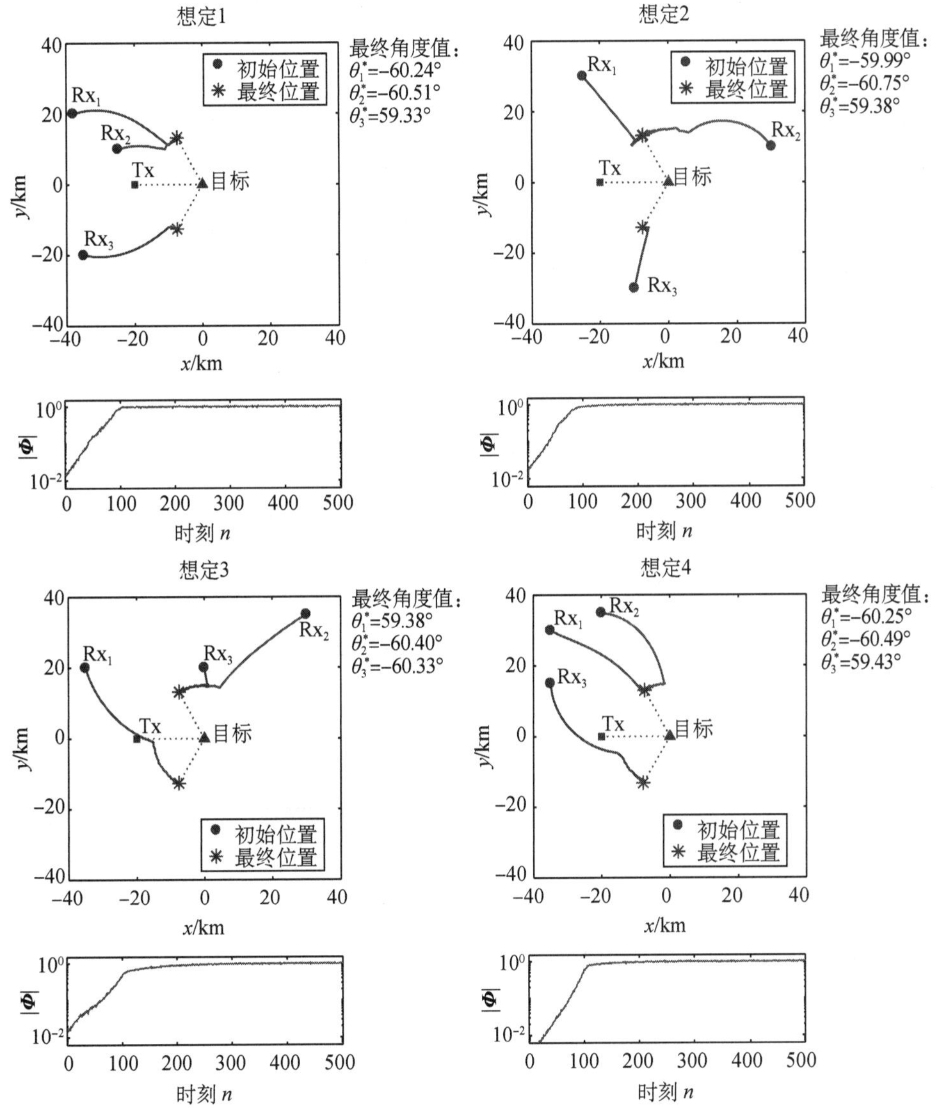

图 6.9　三架无人机的航迹优化

硬约束为 $l_1 = l_2 = l_3 = 15\,\text{km}$，即当所有 UAV 达到其硬约束时，误差方差相同，由 UAV 形成的最终几何形状与示例 5 中的解析几何解非常匹配在图 6.6～图 6.9 中还绘制了 FIM 行列式数值的变化过程，该数值由第 6.2 节推导出的 FIM 行列式最优值进行了归一化处理。观察到归一化处理后，FIM 数值随时间逐渐增加并收敛于 1。这证明无人机的最终编队形态确实是最优的。值得注意的是，在仿真结果和分析结果之间存在微小的差异，这是因为 FIM 行列式是使用从先前时间步长获得的目标位置估计进行计算的，并且采用了一阶有限差分法来近似 FIM 行列式的下降梯度。

UAV 无人机群可能陷入 FIM 行列式的次优鞍点或局部极大点，如图 6.10 所示。在这种情况下，对最优几何构型分析的解析可用于指导无人机到达合理的最优几何部署位置。

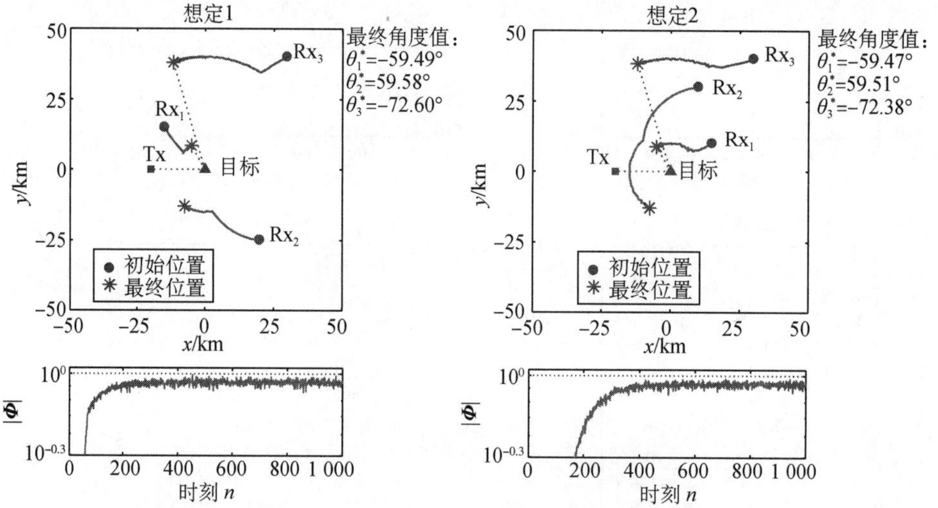

图 6.10　形成无人机次优角度布局的示意图

硬约束为 $l_1=10\,\mathrm{km}$，$l_2=15\,\mathrm{km}$ 和 $l_3=40\,\mathrm{km}$，在这些想定中，$\{\theta_1, \theta_2, \theta_3\}=\{-60°, 60°, -60°\}$ 是 $|\boldsymbol{\Phi}|$ 函数的一个鞍点，且当 $-73°<\theta_3<-50°$，$\theta_1\approx-60°$，$\theta_2\approx60°$ 时，其梯度近似为零，这将导致无人机群的几何构型陷入次优角度间隔

6.5　小结

针对“一发多收”多基地雷达系统的 TOA 定位问题，本章介绍了一种最优几何构型分析方法。最优几何构型分析是在求解 FIM 行列式最大值的基础上进行解析推导出来的，它能有效地缩小估值置信区域的范围。无论噪声方差和接收站的数量如何，推导出的最优几何构型都具有相似的几何布局，其要求发射站和每个接收站之间相对于目标的角间距均为 ±60°。定理 6.1 给出了最优几

何构型的全部特征。利用遗传算法和无人机运动轨迹优化对该数值解进行了仿真研究，以验证所推导出的最优几何构型分析的正确性，其中可观察到分析结果和数值结果之间具有良好的一致性。

6.6　附录

附录 A

式(6.9)中 FIM 的行列式可以改写为

$$|\boldsymbol{\Phi}|=\sum_{i=1}^{N}\sum_{j=1}^{N}\frac{[\sin\theta_i-\sin\theta_j+\sin(\theta_i-\theta_j)]^2}{2\sigma_i^2\sigma_j^2} \tag{6.42}$$

其偏导数由下式给出：

$$\frac{\partial|\boldsymbol{\Phi}|}{\partial\theta_i}=2\sum_{\substack{1\leqslant j\leqslant N\\ j\neq i}}\frac{F(\theta_i,\theta_j)}{\sigma_i^2\sigma_j^2} \tag{6.43}$$

式中，

$$F(\theta_i,\theta_j)=[\sin\theta_i-\sin\theta_j+\sin(\theta_i-\theta_j)][\cos\theta_i+\cos(\theta_i-\theta_j)] \tag{6.44}$$

我们观察到：当 $\theta_i=\theta_j$，$\{\theta_i,\theta_j\}=\left\{\frac{\pi}{3},-\frac{\pi}{3}\right\}$ 或 $\{\theta_i,\theta_j\}=\left\{-\frac{\pi}{3},\frac{\pi}{3}\right\}$ 时，$F(\theta_i,\theta_j)=F(\theta_j,\theta_i)=0$。

对于 $N=2$，临界点 $|\boldsymbol{\Phi}|$ 是 $\theta_1=\theta_2$，$\{\theta_1,\theta_2\}=\left\{\frac{\pi}{3},-\frac{\pi}{3}\right\}$ 和 $\{\theta_1,\theta_2\}=\left\{-\frac{\pi}{3},\frac{\pi}{3}\right\}$，因为在这些点处有 $F(\theta_1,\theta_2)=F(\theta_2,\theta_1)=0$（即 $\frac{\partial|\boldsymbol{\Phi}|}{\partial\theta_1}=\frac{\partial|\boldsymbol{\Phi}|}{\partial\theta_2}=0$）。当 $\theta_1=\theta_2$ 时有 $|\boldsymbol{\Phi}|=0$，因此形成最差几何构型布局。与此相反，当 $\theta_1=\theta_2$，$\{\theta_1,\theta_2\}=\left\{\frac{\pi}{3},-\frac{\pi}{3}\right\}$ 和 $\{\theta_1,\theta_2\}=\left\{-\frac{\pi}{3},\frac{\pi}{3}\right\}$ 时，$|\boldsymbol{\Phi}|=\frac{27}{4\sigma_1^2\sigma_2^2}$，这意味着 $N=2$ 时的最优角几何。

当 $N\geqslant3$ 时，如果 $F(\theta_i,\theta_j)=F(\theta_j,\theta_i)=0(i=1,\cdots,N)$，有 $\frac{\partial|\boldsymbol{\Phi}|}{\partial\theta_i}=0(i=1,\cdots,N)$。相应地，临界点 $|\boldsymbol{\Phi}|$ 由以下角度配置给出：

(1) $\theta_1=\cdots=\theta_N$（即 $|\boldsymbol{\Phi}|=0$ 导致最差的几何构型）；

(2) $|\theta_i|=\frac{\pi}{3}\quad(i=1, \cdots, N)$。

然而,如果 $F(\theta_i, \theta_j)\neq 0$,则式(6.43)不一定排除其他临界点的存在。

附录 B

偏导数 $\frac{\partial|\boldsymbol{\Phi}|}{\partial\sigma_i}$ 由下式给出:

$$\begin{aligned}\frac{\partial|\boldsymbol{\Phi}|}{\partial\sigma_i}=&\frac{4(1+\cos\theta_i)\sin\theta_i}{\sigma_i^3}\sum_{j=1}^{N}\frac{(1+\cos\theta_j)\sin\theta_j}{\sigma_j^2}\\&-\frac{2(1+\cos\theta_i)^2}{\sigma_i^3}\sum_{j=1}^{N}\frac{\sin^2\theta_j}{\sigma_j^2}-\frac{2\sin^2\theta_i}{\sigma_i^3}\sum_{j=1}^{N}\frac{(1+\cos\theta_j)^2}{\sigma_j^2}\end{aligned}\tag{6.45}$$

给定最优几何构型 $|\theta_1^*|=\cdots=|\theta_N^*|=\frac{\pi}{3}$ 和引理 6.3 中描述的符号序列 b_i^*,我们有

$$\frac{\partial|\boldsymbol{\Phi}|}{\partial\sigma_i}=-\frac{27}{4\sigma_i^3}\left(\sum_{j=1}^{N}\frac{1}{\sigma_j^2}-b_i^*\sum_{j=1}^{N}\frac{b_j^*}{\sigma_j^2}\right)\tag{6.46a}$$

$$=\begin{cases}-\dfrac{27}{2\sigma_i^3}\displaystyle\sum_{\{j|b_j^*=-1\}}\frac{1}{\sigma_j^2} & b_i^*=1,\\ -\dfrac{27}{2\sigma_i^3}\displaystyle\sum_{\{i|b_j^*=1\}}\frac{1}{\sigma_j^2} & b_i^*=-1\end{cases}\tag{6.46b}$$

由于最优几何构型分析不包括 $b_1^*=\cdots=b_N^*=1$ 或 $b_1^*=\cdots=b_N^*=-1$ 的情况,其中 $|\boldsymbol{\Phi}|=0$ 时,有 $\frac{\partial|\boldsymbol{\Phi}|}{\partial\sigma_i}=0$。因此,由式(6.46b)我们可得到

$$\frac{\partial|\boldsymbol{\Phi}|}{\partial\sigma_i}<\sigma_i,\ i=1, \cdots, N\tag{6.47}$$

因此,$|\boldsymbol{\Phi}|$ 是引理 6.3 中给出的最优几何条件下 σ_i 的递减函数。

第 7 章

独立双基地信道多基地雷达目标定位的最优几何构型

7.1 引言和问题提出

本章给出了由多个独立双基地收发分置通道组成的多基地雷达系统的二维 TOA 目标定位问题的最优几何构型分析。这种多基地雷达的配置可以是 2 个或多个"发射站-接收站"配对的双基地雷达，这些双基地雷达可以是不同体制类型的(例如单脉冲体制或连续波体制)，并工作在不同频段上(例如 L, S, C, X 波段等)。

图 7.1 描述了 N 个双基地雷达 Tx_i-Rx_i $(i=1, 2, \cdots, N)$ 利用 9 个独立收发分置通道进行目标定位问题的几何部署关系。这里，$\boldsymbol{p}=[p_x, p_y]^{\mathrm{T}}$ 表示未知目标的位置，$\boldsymbol{t}_i=[t_{x,i}, t_{y,i}]^{\mathrm{T}}$ 和 $\boldsymbol{r}_i=[r_{x,i}, r_{y,i}]^{\mathrm{T}}$ 分别表示第 i 个收发分置通道的发射站和接收站的位置。第 i 个收发分置通道的 TOA 测量值 τ_i 由下式给出：

$$\tilde{\tau}_i(\boldsymbol{p})=\tau_i(\boldsymbol{p})+e_i,\ \tau_i(\boldsymbol{p})=\frac{\|\boldsymbol{p}-\boldsymbol{t}_i\|+\|\boldsymbol{p}-\boldsymbol{r}_i\|}{c} \tag{7.1}$$

式中，c 是信号传播速度；e_i 是独立高斯噪声，其均值为零，方差 $E\{e_i^2\}$ 为测量误差。因此，第 i 个通道的总收发分置距离测量值 d_i 可表示为

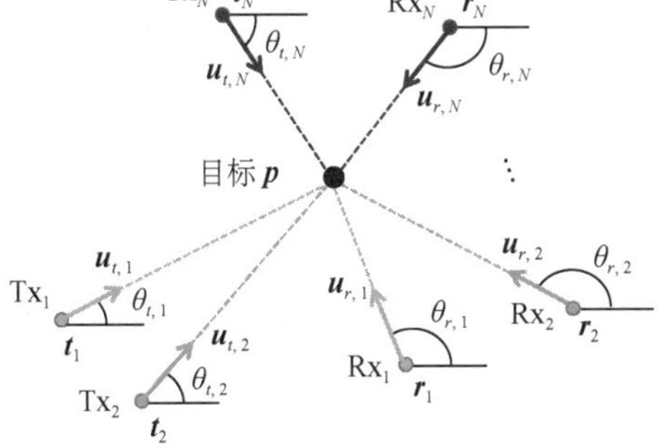

图 7.1　利用多个独立收发分置通道进行多基地雷达的 TOA 目标定位

$$\tilde{d}_i(\boldsymbol{p})=d_i(\boldsymbol{p})+n_i,\ d_i(\boldsymbol{p})=\|\boldsymbol{p}-\boldsymbol{t}_i\|+\|\boldsymbol{p}-\boldsymbol{r}_i\| \tag{7.2}$$

这里，$n_i=ce_i$ 表示距离测量误差，且有 $E\{n_i^2\}=\sigma_i^2\left(\text{即 } E\{e_i^2\}=\frac{\sigma_i^2}{c^2}\right)$，对于 $i=1,2,\cdots,N$，联立式(7.2)从而得到

$$\tilde{\boldsymbol{d}}=\boldsymbol{d}(\boldsymbol{p})+\boldsymbol{n}=[d_1,d_2,\cdots,d_N]^{\mathrm{T}}+[n_1,n_2,\cdots,n_N]^{\mathrm{T}} \tag{7.3}$$

且有

$$\boldsymbol{\Sigma}=E\{\boldsymbol{n}\boldsymbol{n}^{\mathrm{T}}\}=\mathrm{diag}(\sigma_1^2,\sigma_2^2,\cdots,\sigma_N^2) \tag{7.4}$$

TOA 定位的目的是利用式(7.3)的 $\tilde{\boldsymbol{d}}$ 估计 $\boldsymbol{p}$。多基地雷达 TOA 定位问题的各种解决方法可以在文献[68-70]中找到。由于在 2 个收发分置通道（$N=2$）的情形下，2 个 TOA 椭圆可能相交于 2 个不同的点，因此，为了保证得到 $\boldsymbol{p}$ 的唯一解，至少需要 3 个收发分置通道（$N\geqslant 3$）。然而，如果给定关于目标所处区域的一些先验知识，则可以解决这种解的模糊性问题，且在这种情况下 2 个收发分置通道也是够用的。

该多基地雷达 TOA 定位问题的 FIM 由下式给出：

$$\boldsymbol{\Phi}=\boldsymbol{J}_{\circ}^{\mathrm{T}}\boldsymbol{\Sigma}^{-1}\boldsymbol{J}_{\circ} \tag{7.5}$$

式中，$\boldsymbol{J}_{\circ}$ 是在 $\boldsymbol{p}$ 的真值处，评估 $\boldsymbol{d}(\boldsymbol{p})$ 相对于 $\boldsymbol{p}$ 的雅可比矩阵：

$$\boldsymbol{J}_{\circ}=\begin{bmatrix}(\boldsymbol{u}_{t,1}+\boldsymbol{u}_{r,1})^{\mathrm{T}}\\(\boldsymbol{u}_{t,2}+\boldsymbol{u}_{r,2})^{\mathrm{T}}\\\vdots\\(\boldsymbol{u}_{t,N}+\boldsymbol{u}_{r,N})^{\mathrm{T}}\end{bmatrix},\ \boldsymbol{u}_{t,i}=\begin{bmatrix}\cos\theta_{t,i}\\\sin\theta_{t,i}\end{bmatrix},\ \boldsymbol{u}_{r,i}=\begin{bmatrix}\cos\theta_{r,i}\\\sin\theta_{r,i}\end{bmatrix} \tag{7.6}$$

值得注意的是，$\boldsymbol{u}_{t,i}$ 和 $\boldsymbol{u}_{r,i}$ 分别是发射站和接收站到目标的单位矢量，如图 7.1 所示。经过代数运算，可得到

$$\boldsymbol{\Phi}=\sum_{i=1}^{N}\frac{1}{\sigma_i^2}(\boldsymbol{u}_{t,i}+\boldsymbol{u}_{r,i})(\boldsymbol{u}_{t,i}+\boldsymbol{u}_{r,i})^{\mathrm{T}} \tag{7.7}$$

与第 6 章类似，假设所考虑的定位算法近似有效且无偏，那么估计误差协方差可采用 CRLB 和“D-最优性准则”进行近似，即对 FIM 行列式进行最大化处理，便于进行几何构型分析。注意到：目标-发射站以及目标-接收站的距离值并不直接决定 FIM，我们最大化 FIM 行列式，该值与发射站和接收站之间的角间

距有关：

$$\{\theta_{t,1}^*, \theta_{r,1}^*, \theta_{t,2}^*, \theta_{r,2}^*, \cdots, \theta_{t,N}^*, \theta_{r,N}^*\} = \underset{\{\theta_{t,1}, \theta_{r,1}, \theta_{t,2}, \theta_{r,2}, \cdots, \theta_{t,N}, \theta_{r,N}\}}{\operatorname{argmax}} |\boldsymbol{\Phi}| \tag{7.8}$$

观察结果 7.1　通过将收发通道分置的发射站和接收站映射到目标周围，保持 FIM 值不变(即将 Tx_i 从 $\boldsymbol{t}_i$ 移动到 $2\boldsymbol{p}-\boldsymbol{t}_i$，将 Rx_i 从 $\boldsymbol{r}_i$ 移动到 $2\boldsymbol{p}-\boldsymbol{r}_i$)。

证明：在公式(7.7)中，用 $\boldsymbol{t}_i$ 代替 $2\boldsymbol{p}-\boldsymbol{t}_i$，用 $\boldsymbol{r}_i$ 代替 $2\boldsymbol{p}-\boldsymbol{r}_i$，$(\boldsymbol{u}_{t,i}+\boldsymbol{u}_{r,i})$ 变成 $-(\boldsymbol{u}_{t,i}+\boldsymbol{u}_{r,i})$，这并不改变 FIM 行列式的值。

基于这一观察结果，通过在目标周围映射一个或多个收发分置通道，可以在某一个给定的最优几何构型基础上，生成新的最优几何构型。

7.2　最优几何构型分析

FIM 可重新表述为

$$\boldsymbol{\Phi} = \begin{bmatrix} \phi_{11} & \phi_{12} \\ \phi_{21} & \phi_{22} \end{bmatrix} \tag{7.9}$$

式中，

$$\phi_{11} = 2\sum_{i=1}^{N} \frac{1}{\sigma_i^2}[1+\cos(\theta_{t,i}+\theta_{r,i})]\cos^2\left(\frac{\theta_{t,i}-\theta_{r,i}}{2}\right), \tag{7.10a}$$

$$\phi_{22} = 2\sum_{i=1}^{N} \frac{1}{\sigma_i^2}[1-\cos(\theta_{t,i}+\theta_{r,i})]\cos^2\left(\frac{\theta_{t,i}-\theta_{r,i}}{2}\right), \tag{7.10b}$$

$$\phi_{12} = \phi_{21} = 2\sum_{i=1}^{N} \frac{1}{\sigma_i^2}\sin(\theta_{t,i}+\theta_{r,i})\cos^2\left(\frac{\theta_{t,i}-\theta_{r,i}}{2}\right) \tag{7.10c}$$

因此，FIM 的行列式变为

$$\begin{aligned} |\boldsymbol{\Phi}| = 4\Bigg\{ & \left[\sum_{i=1}^{N} \frac{1}{\sigma_i^2}\cos^2\left(\frac{\theta_{t,i}-\theta_{r,i}}{2}\right)\right]^2 \\ & - \left[\sum_{i=1}^{N} \frac{1}{\sigma_i^2}\cos^2\left(\frac{\theta_{t,i}-\theta_{r,i}}{2}\right)\cos(\theta_{t,i}+\theta_{r,i})\right]^2 \\ & - \left[\sum_{i=1}^{N} \frac{1}{\sigma_i^2}\cos^2\left(\frac{\theta_{t,i}-\theta_{r,i}}{2}\right)\sin(\theta_{t,i}+\theta_{r,i})\right]^2 \Bigg\} \end{aligned} \tag{7.11}$$

使用

$$\left(\sum_{i=1}^{N}a_i\right)^2=\sum_{i=1}^{N}a_i^2+2\sum_{\{i,\ j\}\in C}a_ia_j \tag{7.12}$$

进行参数变换，有

$$\alpha_i=\frac{\theta_{t,\ i}-\theta_{r,\ i}}{2},\ \beta_i=\frac{\theta_{t,\ i}+\theta_{r,\ i}}{2} \tag{7.13}$$

我们得到

$$|\boldsymbol{\Phi}|=16\sum_{\{i,\ j\}\in C}\frac{1}{\sigma_i^2\sigma_j^2}\cos^2\alpha_i\cos^2\alpha_j\sin^2(\beta_i-\beta_j) \tag{7.14}$$

式中，c 是两个变量 $\{i,\ j\}$ 所有组合的集合，两个变量取值范围为 $\{1,\ 2,\ \cdots,\ N\}$，共有 $\frac{N!}{[2!(N-2)!]}$ 种组合。

由于 α_i 和 β_i 是独立变量，因此，对于 $\beta_1,\ \beta_2,\ \cdots,\ \beta_N$ 等任意特定值，以下不等式成立：

$$|\boldsymbol{\Phi}|\leqslant 16\sum_{\{i,\ j\}\in C}\frac{1}{\sigma_i^2\sigma_j^2}\sin^2(\beta_i-\beta_j) \tag{7.15}$$

当 $\cos^2\alpha_i=1$ 时，上式满足等式条件，有 $i=1,\ 2,\ \cdots,\ N$（也即 $\alpha_i=0$ 或 $\alpha_i=\pi$；故有 $\theta_{t,\ i}=\theta_{r,\ i}=\beta_i$）。因此，我们得到以下结论。

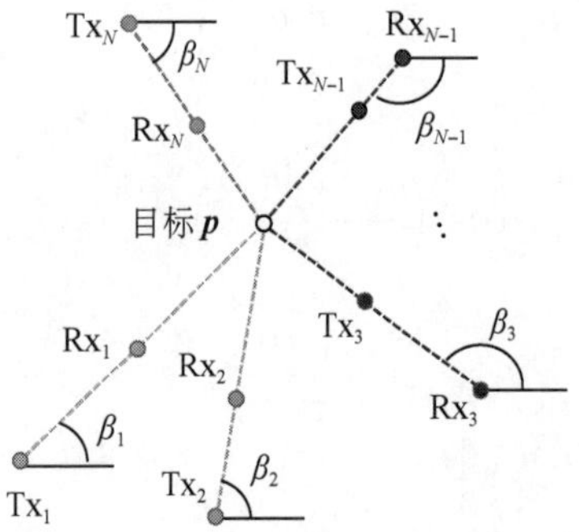

图 7.2　不同收发分置通道之间的角度间隔

定理 7.1　对于由多个独立收发分置通道的双基地雷达组成的多基地雷达系统而言，当目标与每个双通道的发射站和接收站共线且目标被放置在任一侧端时，可获得基于二维 TOA 的目标定位的最优角度几何构型，也即此时有：$\theta_{t,\ i}=\theta_{r,\ i}=\beta_i,\ i=1,\ 2,\ \cdots,\ N$。

优化问题现在可简化为寻找不同收发分置通道之间的最优角度间隔问题，如图 7.2 所示。将 $\theta_{t,\ i}=\theta_{r,\ i}=\beta_i$ 代入式(7.11)中，作为定理 7.1 的结论，我们得到如下推论。

推论 7.1　求 FIM 行列式的最大值，等价于求解：

$$\max_{\boldsymbol{\beta}}\left\{\left(\sum_{i=1}^{N}\frac{1}{\sigma_i^2}\right)^2-\left(\sum_{i=1}^{N}\frac{\sin(2\beta_i)}{\sigma_i^2}\right)^2-\left(\sum_{i=1}^{N}\frac{\cos(2\beta_i)}{\sigma_i^2}\right)^2\right\} \tag{7.16}$$

式中，$\boldsymbol{\beta}=\{\beta_1, \beta_2, \cdots, \beta_N\}$ 且 $\theta_{t,i}=\theta_{r,i}=\beta_i$。

该优化问题在数学上与文献[59]中提出的 AOA 定位最优几何构型分析问题是相同的，式(7.16)的求解过程如下。

(1) 当 $N=2$ 时。

最优解是

$$|\beta_1^*-\beta_2^*|=\frac{\pi}{2} \tag{7.17}$$

换句话说，当两个收发分置通道的视线(LOS)正交时，就得到了最优角几何构型，如图 7.3 所示。

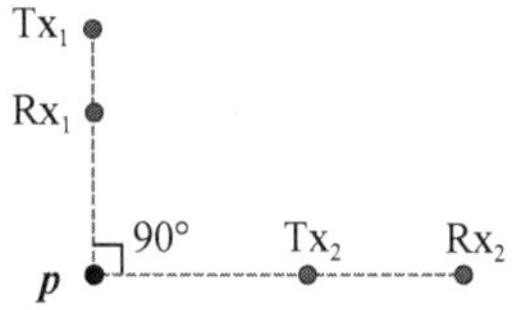

图 7.3　收发分置双通道($N=2$)的最优角度间隔

(2) 当 $N=3$ 时。

最优解由下式给出：

$$\beta_2^*-\beta_1^*=\pm\frac{\tan^{-1}(\sqrt{\zeta}, b^2-a^2-1)}{2}, \tag{7.18a}$$

$$\beta_3^*-\beta_1^*=\mp\frac{\tan^{-1}(\sqrt{\zeta}, a^2-b^2-1)}{2} \tag{7.18b}$$

式中，

$$a=\left(\frac{\sigma_1}{\sigma_2}\right)^2, b=\left(\frac{\sigma_1}{\sigma_3}\right)^2, \tag{7.19a}$$

$$\zeta=-(a+b+1)(a-b+1)(a+b-1)(a-b-1) \tag{7.19b}$$

这里，$\tan^{-1}(y, x)$ 表示 $\frac{y}{x}$ 的反正切。如图 7.4 所示，可得到 4 种不同的最优角的几何构型。

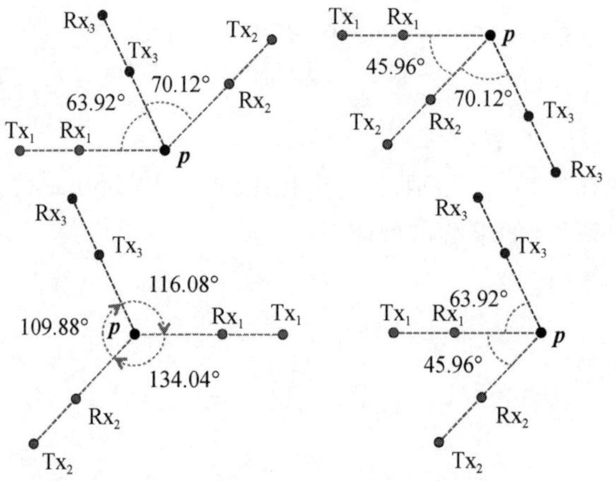

图 7.4　收发分置三通道($N=3$)的最优角度间隔,误差方差为 $\sigma_1:\sigma_2:\sigma_3=10:9:8$

然而,如果 $m\in\{1, 2, 3\}$ 存在以下条件:

$$\frac{1}{\sigma_m^2}>\sum_{1\leqslant i\leqslant 3,\ i\neq m}\frac{1}{\sigma_i^2},\tag{7.20}$$

则有 $\zeta<0$。其结果是式(7.18)给出的复数角是不可用的。取而代之的最优解是

$$\beta_k=\pm\frac{\pi}{2}+\beta_m\tag{7.21}$$

式中,$k\in\{1, 2, 3\}\backslash m$,其中"\"表示集合减法。这种情况的一个例子如图 7.5 所示。

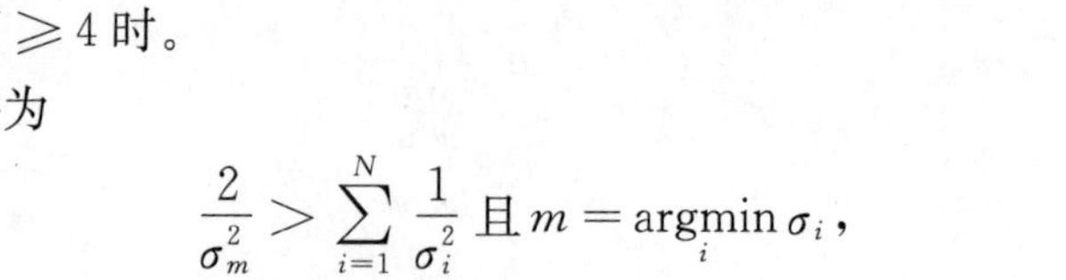

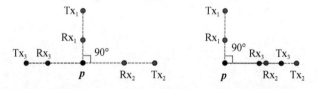

图 7.5　收发分置三通道($N=3$)的最优角度间隔,误差方差值满足式(7.20)的条件

(3) 当 $N\geqslant 4$ 时。

如果条件为

$$\frac{2}{\sigma_m^2}>\sum_{i=1}^{N}\frac{1}{\sigma_i^2}\ \text{且}\ m=\underset{i}{\operatorname{argmin}}\,\sigma_i,\tag{7.22}$$

则最优解为

$$\beta_k=\pm\frac{\pi}{2}+\beta_m\tag{7.23}$$

式中，$k \in \{1, 2, N\} \backslash m$。否则[即不满足式(7.22)的条件]存在无穷多个解。可根据文献[59]第 4 章给出的方法来求解，或者可以通过将多个收发分置通道分组为较小的簇(每个簇里有两通道或三通道)，并在每个簇内解决最优角间距问题，从而确定最优角度的配置[59]。由于优化簇的旋转并不影响全局最优性，因此可以通过旋转一个或多个优化簇来创建无限多个最优配置[59]。

注 7.1：在等误差方差 $\sigma_1 = \sigma_2 = \cdots = \sigma_N (N \geqslant 3)$ 的情况下，不同收发分置通道之间的等角间隔是一个特解。图 7.6 给出了图释。

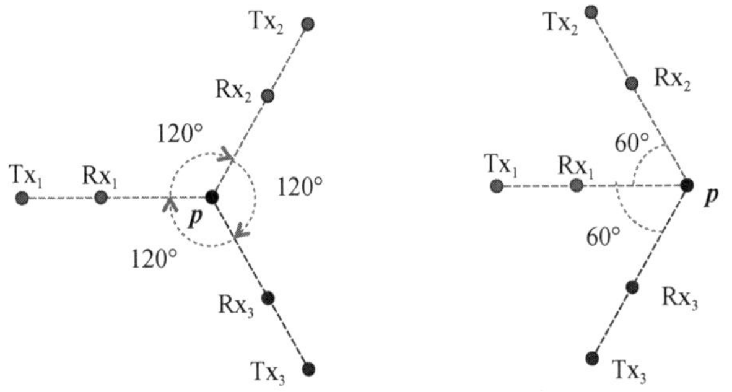

图 7.6　误差方差相等的 3 个收发分置通道(N=3)的最优角度间隔

注 7.2：目标与每个收发分置通道的发射站和接收站共线并不会引起信号的遮挡，因为二维场景是实际三维场景对低仰角目标的一种近似。

7.3　仿真示例

现在给出无人机轨迹优化的仿真示例，以验证 7.2 节中推导出的最优角几何构型。在仿真中，无人机作为移动的发射站和接收站平台，对 $\boldsymbol{p} = [0, 0]^{\mathrm{T}}$ km 处的静止目标进行定位。与第 6.4.2 节相似，使用迭代线性化最小二乘估计法[74]来估计目标位置。为了使 FIM 的行列式值最大化，使用梯度下降轨迹优化法[56]来确定 UAV 的运动轨迹，详情见第 6.4.2 节。每个通道的 TOA 误差方差被建模为与距离相关的变量[75-76]，即 $E\{e_i^2\} = \dfrac{\varrho_{\circ}^2 (R_{t,i}^2 R_{r,i}^2)}{R_{\circ}^4}$，其中 $R_{t,i}$ 与 $R_{r,i}$ 分别为目标到发射站与接收站的距离。这里，我们将参考距离 $R_{\circ}$ 设置为 20 km，常数 $\varrho_{\circ}$ 为 1 μs，在文献[56]中将常数设为 Δ=100 m。无人机的最大速度为 30 m/s，时间步长为 T = 10 s。因此，UAV 在一个时间步长内可以飞行的最大距离是 300 m。信号传播速度设定为 $c = 3 \times 10^8$ m/s。UAV 的位置受到严格约束，以保持与目标的最小间距(对于第 i 个收发分置通道的发射站和接收站，

该间距分别表示为 $l_{t,i}$ 和 $l_{r,i}$）。

图 7.7～图 7.10 给出了在 UAV 的不同初始位置情况下，双通道和三通道的最优 UAV 无人机仿真轨迹。我们观察到，无人机在接近目标的同时，朝向形成最优角度间隔的位置移动（因为当无人机接近目标时，TOA 误差方差将减小）。在达到最小约束距离之后，无人机将围绕这些圆形约束条件进行运动，直到达到最优角间隔。值得注意的是，如果有多个最优角度配置可用，UAV 最终形成的角度配置将取决于其初始位置。在无人机的最终编队中，目标将与每个收发分置通道的发站和收站共线（目标位于线的任一端）。这个观察结果证实了定理 7.1 的结论。

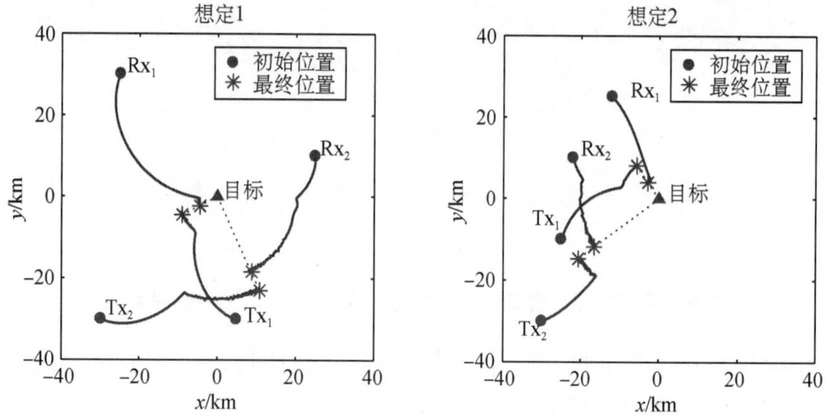

图 7.7　2 个收发分置通道（$N=2$）的运动轨迹优化

$l_{t,1}=10\text{ km}$，$l_{t,2}=25\text{ km}$，$l_{r,1}=5\text{ km}$，$l_{r,2}=25\text{ km}$

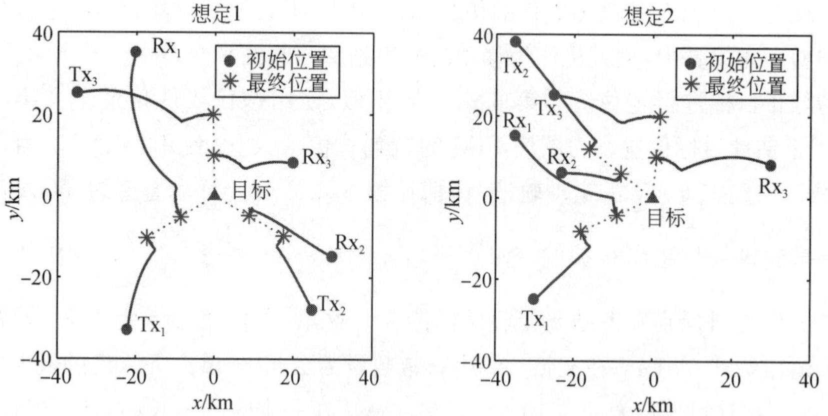

图 7.8　3 个收发分置通道（$N=3$）的运动轨迹优化

$l_{t,1}=l_{t,2}=l_{t,3}=20\text{ km}$，$l_{r,1}=l_{r,2}=l_{r,3}=10\text{ km}$

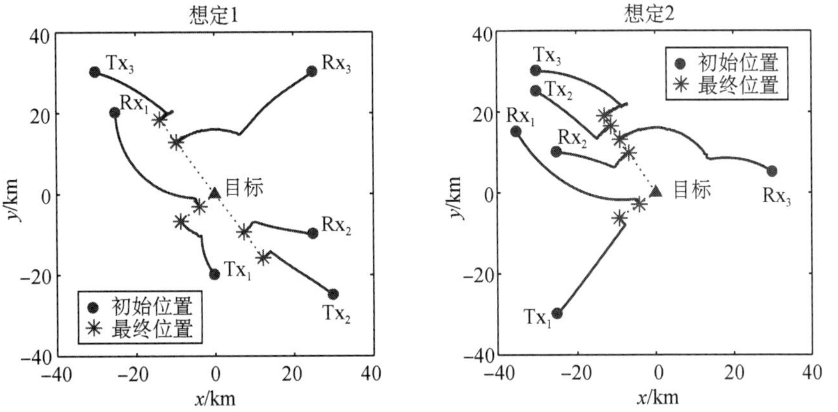

图 7.9　3 个收发分置通道(N=3)的运动轨迹优化

$l_{t,1}=11\,\text{km}$，$l_{t,2}=20\,\text{km}$，$l_{t,3}=23\,\text{km}$，$l_{r,1}=5\,\text{km}$，$l_{r,2}=12\,\text{km}$，$l_{r,3}=16\,\text{km}$

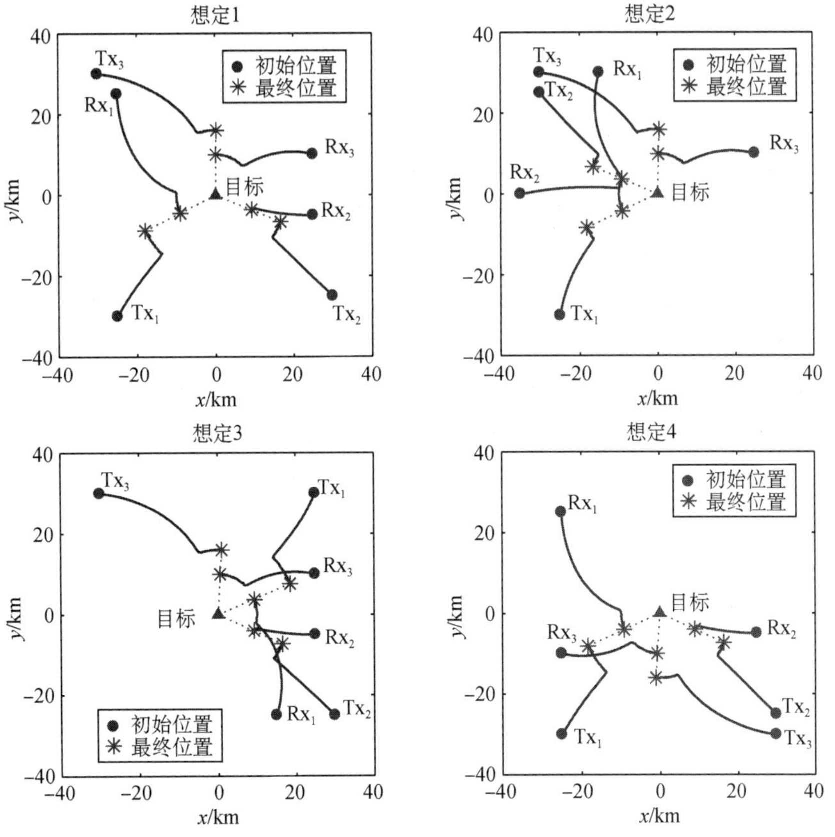

图 7.10　3 个收发分置通道(N=3)的运动轨迹优化

$l_{t,1}=20\,\text{km}$，$l_{t,2}=18\,\text{km}$，$l_{t,3}=16\,\text{km}$，$l_{r,1}=l_{r,2}=l_{r,3}=10\,\text{km}$

与图 7.3 中的分析结果一致,我们观察到两个收发分置通道之间的最终角度间隔约为 90°,如图 7.7 所示。图 7.8 中的模拟结果与图 7.6 中给出的推导出的角度相匹配。注意,在这种情况下,当所有无人机达到其硬约束条件时,不同通道的 TOA 误差方差相等。另一方面,当图 7.9 中的无人机硬约束满足式(7.20)的条件时,无人机的最终角度间隔与图 7.5 中给出的最优角相匹配。在图 7.10 中,在所有无人机达到它们的硬约束后,TOA 误差方差比为 $\sigma_1 : \sigma_2 : \sigma_3 = 10 : 9 : 8$,这与图 7.4 中的结果相同。我们观察到图 7.10 中的模拟仿真结果与图 7.4 中的分析结果相匹配。

7.4 小结

本章研究基于独立收发分置通道的多基地雷达系统的二维 TOA 目标定位的最优几何构型问题。最优几何构型是基于最大化 FIM 行列式进行解析推导得到的,它能有效地将估计置信区域范围缩减至最小。当目标与收发分置通道的发射站和接收站共线且目标位于线的任意一端时,将获得最优几何角度布局。寻找最优几何构型的问题从而转变成对不同收发分置通道之间的角度间隔进行优化的问题,这可以根据 AOA 定位的最优角度间隔结果轻易解决。当 2 个收发分置双通道的视线相互垂直时,可得到最优角度间隔。有限数量的最优角度间隔解可用于受噪声方差控制的 3 个双基地信道,对于具有 4 个或多个双基地通道的多基地雷达系统,可能存在无限多个最优角度间隔配置,可以通过形成多个簇的方式来确定。每个簇具有 2 个或 3 个通道,在每个簇内可对角度间隔进行优化配置。通过无人机运动轨迹优化的仿真算例验证了所提出的优化几何构型的正确性,分析结论与所观测的数值计算结果具有较好的一致性。

第三部分

伪线性跟踪算法

多基地雷达系统目标跟踪和定位的主要挑战是解决含有噪声的雷达测量值(如 AOA、TDOA 和 FDOA)与目标运动参数(位置和速度)之间的非线性关系问题。像极大似然估计这样的非线性最小二乘法不仅计算量大,而且由于迭代数值计算和阈值效应,容易收敛到局部极小值或发散。为了克服这些缺点,可以将非线性测量方程代数地重排成一组与未知数有关的线性方程,从而可以使用闭合形式的线性最小二乘法。本书的这一部分致力于设计和分析具有内在稳定和低复杂性的闭合式算法,用于被动多基地雷达的目标跟踪和定位。具体而言,第 8 章提出了一批伪线性估计方法,用于基于 AOA、TDOA 和 FDOA 测量值对匀速目标进行多基地(雷达)目标运动分析,而第 9 章则介绍了一系列基于 TDOA 测量值的多基地(雷达)目标定位的代数闭合式估计方法。

第 8 章

用于多基地雷达目标运动分析的跟踪估计批处理方法

8.1 引言

目标运动分析(TMA)由于在声源定位、无线传感器网络、雷达和声纳系统等方面广泛的民用和军事应用,多年来一直是一个活跃的研究领域。目标运动分析本质是依据一个或多个在空间上分散部署的静止或运动传感器收集带噪声的测量值,用来估计某个运动目标的运动参数(即位置、速度以及可能的加速度)。与经常使用诸如卡尔曼滤波器及其变型的递归跟踪算法的目标跟踪不同,TMA 通常考虑目标运动的确定性模型(例如匀速或匀加速模型),从而允许以批处理方式来估计目标运动参数。在本章中,我们集中讨论无源多基地雷达系统利用 AOA(到达角)、TDOA(到达时差)和 FDOA(到达频差)测量值对匀速运动目标进行目标运动分析的问题。

由于 AOA、TDOA 和 FDOA 测量值相对于目标运动学参数具有非线性特性,因此基于这些测量值估计目标运动学参数并非“易事”。尽管 MLE(极大似然估计)具有渐近无偏性和有效性的优点,但它没有一个闭合形式的解,因此需要使用迭代数值搜索算法。极大似然估计不仅计算量大,而且容易出现不稳定性,这也是由极大似然代价函数的非凸性造成的。为了克服 MLE 的这些缺点,一个有效的方法是将 AOA、TDOA 和 FDOA 的非线性方程组重新排列成线性形式,以便可以应用闭合形式的线性最小二乘法。在仅有方位到达角的情况下,移动观测者对运动目标进行分析,该技术通常被称为 PLE[77-78]。

闭合形式使得 PLE 不仅计算简单,也回避了与使用 MLE 迭代解法相关的不稳定性问题。PLE 的缺点是它基于测量矩阵与伪线性方程中的伪线性噪声向量之间的相关性,将导致有偏估计的产生[77-79]。

为了克服这种偏差问题,文献[80-81]中提出了仅用于 AOA 的偏差补偿和辅助变量(IV)进行估计;文献[82]中也使用了辅助变量(IV)估计方法来解决单平台多普勒方向的 TMA 问题，但是以迭代的方式求解的；在文献[83-85]中使用了卡尔曼滤波进行递归目标跟踪。在文献[86]中提出了一种两阶代数解决方法，其使用 TDOA 和 FDOA 测量值来定位移动目标，然而该工作是从每一个时刻基于 TDOA 和 FDOA 的测量值分别估计目标的位置和速度，而未考虑有关目标的动态信息。

本章介绍了一种闭合形式的伪线性估计方法，其适用于基于 AOA、TDOA 和 FDOA 测量值进行多站目标运动分析的场合。为了开发 PLE 技术，借助于 AOA 信息将 TDOA 和 FDOA 方程进行线性化处理。这种线性化处理方法避免了在未知向量中出现不期望的多余参数，从而无需额外处理多余参数对目标运动参数的依赖性。为了解决 PLE 算法的偏差问题，分析了 PLE 算法的渐近偏差特性，提出了一种基于瞬时偏差估计的 PLE 算法偏差补偿方法，称为 BCPLE。利用"辅助变量估计"的思想构造了具有渐近无偏性质的 WIVE。WIVE 在渐近层面上也是有效的，即在小噪声假设前提下实现了 CRLB。

8.2 问题提出

图 8.1 描述了在二维平面上使用无源多基地雷达系统的运动目标分析问题。多基地雷达系统由 N 个接收站组成，它们部署的位置为：$\boldsymbol{r}_i=[r_{x,i}, r_{y,i}]^{\mathrm{T}}(i=1, \cdots, N)$。接收站利用附近的雷达或电视/无线电发射站作为机会照射源。接收站以无源方式收集 AOA、TDOA 和 FDOA 等测量信息，用于跟踪运动目标。这里，用 $\boldsymbol{p}_k=[p_{x,k}, p_{y,k}]^{\mathrm{T}}$ 和 $\boldsymbol{v}_k=[v_x, v_{y,k}]^{\mathrm{T}}$ 分别表示目标在 $k\in\{0, 1, \cdots, M-1\}$ 时刻的未知位置与速度信息。TMA 问题的目标是在整个观测周期内利用接收站收集的 AOA、TDOA 和 FDOA 等带有噪声的测量值，

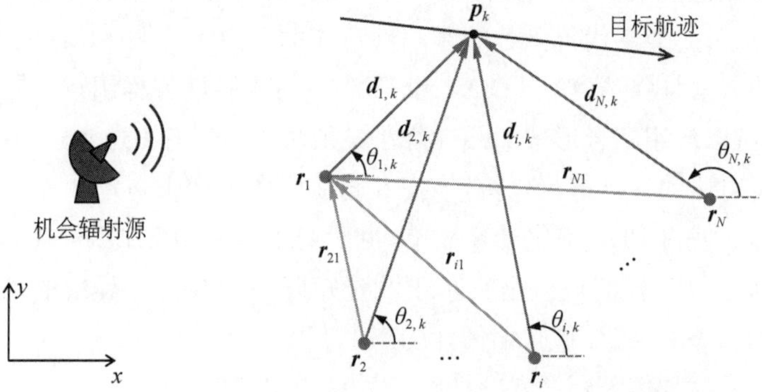

图 8.1 无源多基地雷达系统的运动目标分析几何构型

以批处理方式来估计目标位置值 $\boldsymbol{p}_k$ 和速度值 $\boldsymbol{v}_k$。对于所考虑的 TMA 问题，至少需要 2 个接收站才能保证解的唯一性。

接收站 i 在第 k 时刻的 AOA 真值是目标位置 $\boldsymbol{p}_k$ 和接收站位置 $\boldsymbol{r}_i$ 的函数，由下式给出：

$$\theta_{i,k}=\tan^{-1}\frac{\Delta y_{i,k}}{\Delta x_{i,k}} \tag{8.1}$$

式中，$\Delta x_{i,k}=p_{x,k}-r_{x,i}$，$\Delta y_{i,k}=p_{y,k}-r_{y,i}$。在 k 时刻到达接收站 i 和接收站 j 的信号之间的 TDOA 真值与 $\boldsymbol{p}_k$ 和 $\boldsymbol{r}_i$ 有关，即有

$$\tau_{ji,k}=\tau_{j,k}-\tau_{i,k} \tag{8.2}$$

式中，$\tau_{i,k}=\frac{\|\boldsymbol{d}_{i,k}\|}{c}$ 表示信号从目标传播到接收站 i 的所需时长。这里，我们定义 $\boldsymbol{d}_{i,k}=\boldsymbol{p}_k-\boldsymbol{r}_i$。将式(8.2)乘以 c，从而得到目标到 2 个接收站之间的距离差：

$$\gamma_{ji,k}=\|\boldsymbol{d}_{j,k}\|-\|\boldsymbol{d}_{i,k}\| \tag{8.3}$$

在 k 时刻，到达接收站 i 和 j 的信号之间的 FDOA 真值由下式给出：

$$f_{ji,k}=\frac{f_\circ}{c}(\dot{d}_{j,k}-\dot{d}_{i,k})=\frac{f_\circ}{c}\left(\frac{\boldsymbol{d}_{j,k}^{\mathrm{T}}\boldsymbol{v}_k}{\|\boldsymbol{d}_{j,k}\|}-\frac{\boldsymbol{d}_{i,k}^{\mathrm{T}}\boldsymbol{v}_k}{\|\boldsymbol{d}_{i,k}\|}\right) \tag{8.4}$$

式中，$f_\circ$ 为发射频率，且有 $d_{i,k}=\|\boldsymbol{d}_{i,k}\|$。由于所考虑的雷达系统是无源的，因此对所有的接收站而言，发射频率是未知的。然而，可以利用从发射站到达其中一个接收站的视距内(LOS)信号来快速估计该频率。在本章中，假设发射频率已估计得到，且是先验已知信息。利用 $\frac{f_\circ}{c}$ 对式(8.4)进行归一化，FDOA 则变为

$$\zeta_{ji,k}=\frac{\boldsymbol{d}_{j,k}^{\mathrm{T}}\boldsymbol{v}_k}{\|\boldsymbol{d}_{j,k}\|}-\frac{\boldsymbol{d}_{i,k}^{\mathrm{T}}\boldsymbol{v}_k}{\|\boldsymbol{d}_{i,k}\|} \tag{8.5}$$

对于 TDOA 和 FDOA 测量而言，使用多个接收站其中的一个作为参考接收站是常见做法。这里选择接收站 1 作为参考接收站，因此，在每个 k 时刻，共有 $N-1$ 个 TDOA 值 $\gamma_{j1,k}$ 和 $N-1$ 个 FDOA 值 $\zeta_{j1,k}$，$i=2, \cdots, N$。

在整个章节内容中，我们做出以下假设。

(1) 在观测周期 k 内，目标遵循匀速运动模型，$k\in\{0, \cdots, M-1\}$，可直接

拓展到匀加速模型。在许多应用中,这些模型在短时观测周期内能很好地表现出目标的真实运动特性[77-78,80-81,87-88]。如果观测周期较长,则可以将其分成几个较小的周期,从而可以在每个子周期内使用 TMA 批处理算法。

(2) 在每个固定时刻 $t_k=\frac{kT}{M-1}$,均能获得雷达测量值,$k\in\{0,\cdots,M-1\}$。这里,T 是总的观测周期。根据匀速运动模型,在 t_k 时刻处的目标位置 $\boldsymbol{p}_k$ 和速度 $\boldsymbol{v}_k$ 为

$$\boldsymbol{p}_k=\boldsymbol{p}_0+t_k\boldsymbol{v}_0=\boldsymbol{M}_k\boldsymbol{\xi}, \tag{8.6a}$$

$$\boldsymbol{v}_k=\boldsymbol{v}_0=\boldsymbol{L}\boldsymbol{\xi} \tag{8.6b}$$

式中,

$$\boldsymbol{M}_k=\begin{bmatrix}1 & 0 & t_k & 0\\0 & 1 & 0 & t_k\end{bmatrix},\ \boldsymbol{L}=\begin{bmatrix}0 & 0 & 1 & 0\\0 & 0 & 0 & 1\end{bmatrix},\ \boldsymbol{\xi}=\begin{bmatrix}\boldsymbol{p}_0\\\boldsymbol{v}_0\end{bmatrix} \tag{8.7}$$

这里,$\boldsymbol{\xi}$ 是待估计的目标运动参数向量(4×1)。一旦得到对 $\boldsymbol{\xi}$ 的估计,我们就可以用简单的替换法将其代入式(8.6)中,来明确任意时刻 k 时的目标位置值 $\boldsymbol{p}_k$ 和速度值 $\boldsymbol{v}_k$。

雷达测量数据通常带有附加的噪声干扰:

$$\tilde{\theta}_{i,k}=\theta_{i,k}+n_{i,k},\ i=1,\cdots,N, \tag{8.8a}$$

$$\tilde{\gamma}_{i1,k}=\gamma_{i1,k}+\varepsilon_{i1,k},\ i=2,\cdots,N, \tag{8.8b}$$

$$\tilde{\zeta}_{i1,k}=\zeta_{i1,k}+\varrho_{i1,k},\ i=2,\cdots,N \tag{8.8c}$$

式中,$n_{i,k}$, $\varepsilon_{i1,k}$, $\varrho_{i1,k}$ 为噪声干扰项,均采用零均值高斯随机变量进行建模。

将 k 时刻所有雷达测量值叠加成一个向量,得到

$$\tilde{\boldsymbol{\psi}}_k=\boldsymbol{\psi}_k+\boldsymbol{\eta}_k \tag{8.9}$$

这里,

$$\tilde{\boldsymbol{\psi}}_k=[\tilde{\theta}_{1,k},\cdots,\tilde{\theta}_{N,k},\tilde{\gamma}_{21,k},\cdots,\tilde{\gamma}_{N1,k},\tilde{\zeta}_{21,k},\cdots,\tilde{\zeta}_{N1,k}]^{\mathrm{T}}, \tag{8.10a}$$

$$\boldsymbol{\psi}_k=[\theta_{1,k},\cdots,\theta_{N,k},\gamma_{21,k},\cdots,\gamma_{N1,k},\zeta_{21,k},\cdots,\zeta_{N1,k}]^{\mathrm{T}}, \tag{8.10b}$$

$$\boldsymbol{\eta}_k=[n_{1,k},\cdots,n_{N,k},\varepsilon_{21,k},\cdots,\varepsilon_{N1,k},\varrho_{21,k},\cdots,\varrho_{N1,k}]^{\mathrm{T}} \tag{8.10c}$$

噪声向量 $\boldsymbol{\eta}_k$ 为块对角形式的协方差矩阵，由下式给出：

$$\boldsymbol{K}_k = E\{\boldsymbol{\eta}_k\boldsymbol{\eta}_k^{\mathrm{T}}\} = \mathrm{diag}(\boldsymbol{K}_k^{\mathrm{AOA}},\ \boldsymbol{K}_k^{\mathrm{TDOA/FDOA}}) \tag{8.11}$$

以及

$$\boldsymbol{K}_k^{\mathrm{AOA}} = \mathrm{diag}(\sigma_{\theta,1,k}^2,\ \cdots,\ \sigma_{\theta,N,k}^2), \tag{8.12}$$

$$\boldsymbol{K}_k^{\mathrm{TDOA/FDOA}} = \begin{bmatrix} \boldsymbol{K}_{\boldsymbol{\varepsilon\varepsilon},k} & \boldsymbol{K}_{\boldsymbol{\varepsilon Q},k} \\ \boldsymbol{K}_{\boldsymbol{\varepsilon Q},k}^{\mathrm{T}} & \boldsymbol{K}_{\boldsymbol{QQ},k} \end{bmatrix} \tag{8.13}$$

一般假定 AOA 误差与 TDOA/FDOA 误差是不相关的[82,89-92]。若 AOA 的估计与 TDOA/FDOA 的估计是独立进行的，则上述的假定条件完全成立。如果采用的是 AOA 与 TDOA/FDOA 的联合估计，则上述假设条件只是近似不相关。这里，用 $\boldsymbol{K}_{\boldsymbol{\varepsilon Q},k}$ 表示 TDOA 误差和 FDOA 误差之间的互相关。注意上式中的 $\sigma_{\theta,1,k}$，$\boldsymbol{K}_{\boldsymbol{\varepsilon\varepsilon},k}$，$\boldsymbol{K}_{\boldsymbol{QQ},k}$ 和 $\boldsymbol{K}_{\boldsymbol{\varepsilon Q},k}$ 这 4 个变量都是随时间 k 变化的，且均假定是已知的先验信息。

(3) 雷达测量值误差在时间 k 上是统计独立的，即当 $k \neq h$ 时，有 $E\{\boldsymbol{\eta}_k\boldsymbol{\eta}_h^{\mathrm{T}}\} = \boldsymbol{0}$，对于 $k = 0,\ \cdots,\ M-1$，将式(8.9)进行联立，得到：

$$\tilde{\boldsymbol{\psi}} = \boldsymbol{\psi} + \boldsymbol{\eta} \tag{8.14}$$

式中，

$$\tilde{\boldsymbol{\psi}} = [\tilde{\boldsymbol{\psi}}_0^{\mathrm{T}},\ \tilde{\boldsymbol{\psi}}_1^{\mathrm{T}},\ \cdots,\ \tilde{\boldsymbol{\psi}}_{M-1}^{\mathrm{T}}]^{\mathrm{T}}, \tag{8.15a}$$

$$\boldsymbol{\psi} = [\boldsymbol{\psi}_0^{\mathrm{T}},\ \boldsymbol{\psi}_1^{\mathrm{T}},\ \cdots,\ \boldsymbol{\psi}_{M-1}^{\mathrm{T}}]^{\mathrm{T}}, \tag{8.15b}$$

$$\boldsymbol{\eta} = [\boldsymbol{\eta}_0^{\mathrm{T}},\ \boldsymbol{\eta}_1^{\mathrm{T}},\ \cdots,\ \boldsymbol{\eta}_{M-1}^{\mathrm{T}}]^{\mathrm{T}} \tag{8.15c}$$

$\boldsymbol{\eta}$ 的协方差矩阵由下式给出：

$$\boldsymbol{K} = E\{\boldsymbol{\eta}\boldsymbol{\eta}^{\mathrm{T}}\} = \mathrm{diag}(\boldsymbol{K}_0,\ \boldsymbol{K}_1,\ \cdots,\ \boldsymbol{K}_{M-1}) \tag{8.16}$$

8.3　极大似然估计与克拉美罗下界

在高斯噪声假设条件下，测量向量 $\tilde{\boldsymbol{\psi}}$ 的似然函数是多元高斯概率密度函数，如下式所示：

$$\mathcal{L}(\tilde{\boldsymbol{\psi}} \mid \boldsymbol{\xi}) = \frac{1}{(2\pi)^{\frac{M(3N-2)}{2}} \mid \boldsymbol{K} \mid^{\frac{1}{2}}} \exp\left\{-\frac{1}{2}[\tilde{\boldsymbol{\psi}} - \boldsymbol{\psi}(\boldsymbol{\xi})]^{\mathrm{T}}\boldsymbol{K}^{-1}[\tilde{\boldsymbol{\psi}} - \boldsymbol{\psi}(\boldsymbol{\xi})]\right\} \tag{8.17}$$

值得注意的是,AOA 的 $\theta_{i,k}$, TDOA 的 $\gamma_{i1,k}$ 以及 FDOA 的 $\zeta_{i1,k}$,其真实值是由目标的运动参量 $\boldsymbol{\xi}$ 来决定的,如下所示:

$$\theta_{i,k}(\boldsymbol{\xi}) = \tan^{-1}\frac{\Delta y_{i,k}(\boldsymbol{\xi})}{\Delta x_{i,k}(\boldsymbol{\xi})},\ i=1,\ \cdots,\ N, \tag{8.18a}$$

$$\gamma_{i1,k}(\boldsymbol{\xi}) = \|\boldsymbol{d}_{i,k}(\boldsymbol{\xi})\| - \|\boldsymbol{d}_{1,k}(\boldsymbol{\xi})\|,\ i=2,\ \cdots,\ N, \tag{8.18b}$$

$$\zeta_{i1,k}(\boldsymbol{\xi}) = \frac{\boldsymbol{d}_{i,k}^{\mathrm{T}}(\boldsymbol{\xi})\boldsymbol{v}_k(\boldsymbol{\xi})}{\|\boldsymbol{d}_{i,k}(\boldsymbol{\xi})\|} - \frac{\boldsymbol{d}_{1,k}^{\mathrm{T}}(\boldsymbol{\xi})\boldsymbol{v}_k(\boldsymbol{\xi})}{\|\boldsymbol{d}_{1,k}(\boldsymbol{\xi})\|},\ i=2,\ \cdots,\ N \tag{8.18c}$$

式中,对 $k=0,\ \cdots,\ M-1$,有

$$\boldsymbol{d}_{i,k}(\boldsymbol{\xi}) = \begin{bmatrix}\Delta x_{i,k}(\xi)\\ \Delta y_{i,k}(\xi)\end{bmatrix} = \boldsymbol{M}_k\boldsymbol{\xi} - \boldsymbol{r}_i \tag{8.19}$$

因此,$\boldsymbol{\psi}(\boldsymbol{\xi})$ 是 $\boldsymbol{\xi}$ 的显式函数。

通过求对数似然函数 $\ln\mathcal{L}(\tilde{\boldsymbol{\psi}}\mid\boldsymbol{\xi})$ 对 $\boldsymbol{\xi}$ 的极值,得到最大似然估计(记作 $\hat{\boldsymbol{\xi}}_{\mathrm{MLE}}$),它可以等价写成:

$$\hat{\boldsymbol{\xi}}_{\mathrm{MLE}} = \underset{\xi\in\mathbf{R}^4}{\operatorname{argmin}}\, J_{\mathrm{ML}}(\boldsymbol{\xi}) \tag{8.20}$$

式中,$J_{\mathrm{ML}}(\boldsymbol{\xi})$ 是最大似然成本函数:

$$J_{\mathrm{ML}}(\boldsymbol{\xi}) = \frac{1}{2}\boldsymbol{\vartheta}^{\mathrm{T}}(\boldsymbol{\xi})\boldsymbol{K}^{-1}\boldsymbol{\vartheta}(\boldsymbol{\xi}),\ \boldsymbol{\vartheta}(\xi) = \tilde{\boldsymbol{\psi}} - \boldsymbol{\psi}(\boldsymbol{\xi}) \tag{8.21}$$

式(8.20)中的最小化问题实际上是一个非线性最小二乘估计问题,它没有闭合形式的解。式(8.20)的数值解可以通过各种梯度下降算法或基于下降的单纯性迭代搜索算法获得,如高斯-牛顿算法[93]、最陡下降算法[94]以及 Nelder-Mead 单纯形算法[95]。值得一提的是,高斯-牛顿迭代算法采取下式进行计算:

$$\hat{\boldsymbol{\xi}}(j+1) = \hat{\boldsymbol{\xi}}(j) + (\boldsymbol{J}^{\mathrm{T}}(j)\boldsymbol{K}^{-1}\boldsymbol{J}(j))^{-1}\boldsymbol{J}^{\mathrm{T}}(j)\boldsymbol{K}^{-1}\boldsymbol{\vartheta}(\hat{\boldsymbol{\xi}}(j)),\ j=0,\ 1,\ \cdots \tag{8.22}$$

式中,$\boldsymbol{J}(j)$ 是 $\boldsymbol{\psi}(\boldsymbol{\xi})$ 关于 $\boldsymbol{\xi}$ 的雅可比矩阵,在 $\boldsymbol{\xi}=\hat{\boldsymbol{\xi}}(j)$ 时可求得

$$\boldsymbol{J}(j) = [\boldsymbol{J}_0^{\mathrm{T}}(j),\ \boldsymbol{J}_1^{\mathrm{T}}(j),\ \cdots,\ \boldsymbol{J}_{M-1}^{\mathrm{T}}(j)]^{\mathrm{T}} \tag{8.23}$$

和

$$\boldsymbol{J}_k(j) = [\boldsymbol{J}_{\theta_{1,k}}^{\mathrm{T}}(j),\ \cdots,\ \boldsymbol{J}_{\theta_{N,k}}^{\mathrm{T}}(j),\ \boldsymbol{J}_{\gamma_{21,k}}^{\mathrm{T}}(j),\ \cdots,\ \boldsymbol{J}_{\gamma_{N1,k}}^{\mathrm{T}}(j),\ \boldsymbol{J}_{\zeta_{21,k}}^{\mathrm{T}}(j),\ \cdots,\ \boldsymbol{J}_{\zeta_{N1,k}}^{\mathrm{T}}(j)]^{\mathrm{T}} \tag{8.24}$$

$\boldsymbol{J}_{\theta_{i,k}}(j)$，$\boldsymbol{J}_{\gamma_{i1,k}}(j)$，$\boldsymbol{J}_{\zeta_{i1,k}}(j)$ 的表达式分别为

$$\boldsymbol{J}_{\theta_{i,k}}(j)=\frac{[-\sin\theta_{i,k}(\hat{\boldsymbol{\xi}}(j)),\ \cos\theta_{i,k}(\hat{\boldsymbol{\xi}}(j))]\boldsymbol{M}_k}{\|\boldsymbol{d}_{i,k}(\hat{\boldsymbol{\xi}}(j))\|},\tag{8.25a}$$

$$\boldsymbol{J}_{\gamma_{i1,k}}(j)=\begin{bmatrix}\cos\theta_{i,k}(\hat{\boldsymbol{\xi}}(j))-\cos\theta_{1,k}(\hat{\boldsymbol{\xi}}(j))\\ \sin\theta_{i,k}(\hat{\boldsymbol{\xi}}(j))-\sin\theta_{1,k}(\hat{\boldsymbol{\xi}}(j))\end{bmatrix}^{\mathrm{T}}\boldsymbol{M}_k,\tag{8.25b}$$

$$\begin{aligned}\boldsymbol{J}_{\xi_{1,k}}(j)=&\begin{bmatrix}\cos\theta_{i,k}(\hat{\xi}(j))-\cos\theta_{1,k}(\hat{\xi}(j))\\ \sin\theta_{i,k}(\hat{\xi}(j))-\sin\theta_{1,k}(\hat{\xi}(j))\end{bmatrix}^{\mathrm{T}}\boldsymbol{L}\\&+\left(\frac{\hat{\boldsymbol{\xi}}_4(j)\cos\theta_{i,k}(\hat{\boldsymbol{\xi}}(j))-\hat{\boldsymbol{\xi}}_3(j)\sin\theta_{i,k}(\hat{\boldsymbol{\xi}}(j))}{\|\boldsymbol{d}_{i,k}(\hat{\boldsymbol{\xi}}(j))\|}\right.\\&\left.\times[-\sin\theta_{i,k}(\hat{\boldsymbol{\xi}}(j)),\ \cos\theta_{i,k}(\hat{\boldsymbol{\xi}}(j))]\boldsymbol{M}_k\right)\\&-\left(\frac{\hat{\boldsymbol{\xi}}_4(j)\cos\theta_{1,k}(\hat{\boldsymbol{\xi}}(j))-\hat{\boldsymbol{\xi}}_3(j)\sin\theta_{1,k}(\hat{\boldsymbol{\xi}}(j))}{\|\boldsymbol{d}_{1,k}(\hat{\boldsymbol{\xi}}(j))\|}\right.\\&\left.\times[-\sin\theta_{1,k}(\hat{\boldsymbol{\xi}}(j)),\ \cos\theta_{1,k}(\hat{\boldsymbol{\xi}}(j))]\boldsymbol{M}_k\right)\end{aligned}\tag{8.25c}$$

注：$\hat{\boldsymbol{\xi}}_3(j)$ 和 $\hat{\boldsymbol{\xi}}_4(j)$ 分别表示 $\hat{\boldsymbol{\xi}}(j)$ 的第三项和第四项，它们对应于速度分量。

尽管 MLE 具有某些理想的估计特性，如渐近无偏性和效率高，但迭代 MLE 的解决方法不仅运算量大，而且由于最大似然成本函数的非凸性质，常导致结果发散。在高噪声水平下，MLE 也受到阈值效应的影响，这表现为当噪声增加时，MSE 性能快速变差[96]。出于这个原因，MLE 通常用来作为性能比较的基准。

目标运动分析的 CRLB 是

$$\boldsymbol{C}_{\xi}=(\boldsymbol{J}_{\mathrm{o}}^{\mathrm{T}}\boldsymbol{K}^{-1}\boldsymbol{J}_{\mathrm{o}})^{-1}\tag{8.26}$$

式中，$\boldsymbol{J}_{\mathrm{o}}$ 是 $\boldsymbol{\xi}$ 取真值条件下计算得到的雅可比矩阵。

8.4　伪线性估计

进行伪线性估计的主要目的是对 AOA、TDOA 和 FDOA 的非线性测量方程进行代数上的重新排列，以便在未知目标运动参数向量 $\boldsymbol{\xi}$ 的条件下进行线性化处理，从而能够使用解析形式的线性最小二乘估计。在本节中，我们将展示如何在未知条件下对测量方程进行线性化处理，并构造线性矩阵方程推导出伪线

性估计。

8.4.1 伪线性方程组

1. AOA(到达角法)

利用式(8.1)和式(8.8a),得到

$$\frac{\sin(\widetilde{\theta}_{i,k}-n_{i,k})}{\cos(\widetilde{\theta}_{i,k}-n_{i,k})}=\frac{\Delta y_{i,k}}{\Delta x_{i,k}} \tag{8.27}$$

经代数运算后,式(8.27)可以改写为 AOA 测量值 $\widetilde{\theta}_{i,k}$ 的伪线性方程[87]:

$$\boldsymbol{F}_{\theta_{i,k}}\boldsymbol{\xi}=b_{\theta_{i,k}}+e_{\theta_{i,k}} \tag{8.28}$$

式中,

$$\boldsymbol{F}_{\theta_{i,k}}=[\sin\widetilde{\theta}_{i,k},\ -\cos\widetilde{\theta}_{i,k}]\boldsymbol{M}_k, \tag{8.29a}$$

$$b_{\theta_{i,k}}=[\sin\widetilde{\theta}_{i,k},\ -\cos\widetilde{\theta}_{i,k}]\boldsymbol{r}_i, \tag{8.29b}$$

$$e_{\theta_{i,k}}=\|\boldsymbol{d}_{i,k}\|\sin n_{i,k}\approx\|\boldsymbol{d}_{i,k}\|n_{i,k} \tag{8.29c}$$

式(8.28)也可通过利用 $\boldsymbol{p}_k$ 和 $\boldsymbol{r}_i$ 之间正交矢量和的关系推导得到[97-98],或利用 MLE 代价函数的小噪声近似处理得到[99]。

值得注意的是,对于足够小的噪声量,变量 $\sin n_{i,k}$ 的泰勒级数展开式中的二阶项和高阶项均可忽略不计,因此,在式(8.29c)中可作近似处理:$\sin n_{i,k}\approx n_{i,k}$。

2. TDOA(到达时差法)

非线性的 TDOA 测量方程可在 AOA 测量值的支持下进行线性化处理,以避免对冗余参数产生依赖性。将余弦定理应用于由端点 $\boldsymbol{p}_k$,$\boldsymbol{r}_1$ 和 $\boldsymbol{r}_i$ 构成的三角形,在构成的三角形中有:

$$\|\boldsymbol{d}_{1,k}\|^2=\|\boldsymbol{d}_{i,k}\|^2+\|\boldsymbol{r}_{i1}\|^2-2\boldsymbol{r}_{i1}^{\mathrm{T}}\boldsymbol{d}_{i,k} \tag{8.30}$$

式中,$\boldsymbol{r}_{i1}=\boldsymbol{r}_1-\boldsymbol{r}_i$ (也即该向量由第 i 个接收站指向接收站 1)。从式(8.3)中,可得到

$$\|\boldsymbol{d}_{1,k}\|^2=\|\boldsymbol{d}_{i,k}\|^2-2\gamma_{i1,k}\|\boldsymbol{d}_{i,k}\|+\gamma_{i1,k}^2 \tag{8.31}$$

鉴于式(8.30)与式(8.31)是对等的,由此得到

$$\gamma_{i1,k}\|\boldsymbol{d}_{i,k}\|=-\frac{1}{2}\|\boldsymbol{r}_{i1}\|^2+\frac{1}{2}\gamma_{i1,k}^2+\boldsymbol{r}_{i1}^{\mathrm{T}}\boldsymbol{d}_{i,k} \tag{8.32}$$

依据 $\boldsymbol{r}_{i1,k}$ 和 $\boldsymbol{d}_{i,k}$ 的内积公式：

$$\boldsymbol{r}_{i1}^{\mathrm{T}}\boldsymbol{d}_{i,k} = \|\boldsymbol{r}_{i1,k}\| \, \|\boldsymbol{d}_{i,k}\| \cos(\theta_{i,k} - \theta_{i1}) \tag{8.33}$$

得到

$$\|\boldsymbol{d}_{i,k}\| = \frac{\boldsymbol{r}_{i1}^{\mathrm{T}}\boldsymbol{d}_{i,k}}{\|\boldsymbol{r}_{i1,k}\| \cos(\theta_{i,k} - \theta_{i1})} \tag{8.34}$$

式中，θ_{i1} 是 $\boldsymbol{r}_{i1}$ 的方位角，定义为

$$\theta_{i1} = \tan^{-1}\left(\frac{r_{y,1} - r_{y,i}}{r_{x,1} - r_{x,i}}\right) \tag{8.35}$$

将式(8.34)代入式(8.32)中，得到

$$\left(\frac{\gamma_{i1,k}}{\|\boldsymbol{r}_{i1}\|} - \cos(\theta_{i,k} - \theta_{i1})\right)\boldsymbol{r}_{i1}^{\mathrm{T}}\boldsymbol{d}_{i,k} = \left(-\frac{1}{2}\|\boldsymbol{r}_{i1}\|^2 + \frac{1}{2}\gamma_{i1,k}^2\right)\cos(\theta_{i,k} - \theta_{i1}) \tag{8.36}$$

将 $\boldsymbol{d}_{i,k} = \boldsymbol{M}_k\boldsymbol{\xi} - \boldsymbol{r}_i$ 代入式(8.36)中，并将 TDOA 真值 $\gamma_{i1,k}$ 和 AOA 真值 $\theta_{i,k}$ 分别用其对应的带噪声的测量值 $\tilde{\gamma}_{i1,k}$ 和 $\tilde{\theta}_{i,k}$ 进行替换，从而得到 TDOA 伪线性方程：

$$\boldsymbol{F}_{\gamma_{i1,k}}\boldsymbol{\xi} = b_{\gamma_{11,k}} + e_{\gamma_{i1,k}} \tag{8.37}$$

式中

$$\boldsymbol{F}_{\gamma_{i1,k}} = \left(\frac{\tilde{\gamma}_{i1,k}}{\|\boldsymbol{r}_{i1}\|} - \cos(\tilde{\theta}_{i,k} - \theta_{i1})\right)\frac{\boldsymbol{r}_{i1}^{\mathrm{T}}\boldsymbol{M}_k}{\|\boldsymbol{r}_{i1}\|}, \tag{8.38a}$$

$$b_{\gamma_{i1,k}} = \left(-\frac{1}{2}\|\boldsymbol{r}_{i1}\|^2 + \frac{1}{2}\tilde{\gamma}_{i1,k}^2\right)\frac{\cos(\tilde{\theta}_{i,k} - \theta_{i1})}{\|\boldsymbol{r}_{i1}\|} + \left(\frac{\tilde{\gamma}_{i1,k}}{\|\boldsymbol{r}_{i1}\|} - \cos(\tilde{\theta}_{i,k} - \theta_{i1})\right)\frac{\boldsymbol{r}_{i1}^{\mathrm{T}}\boldsymbol{r}_i}{\|\boldsymbol{r}_{i1}\|}, \tag{8.38b}$$

$$e_{\gamma_{i1,k}} \approx \frac{\|\boldsymbol{d}_{1,k}\|}{\|\boldsymbol{r}_{i1}\|}\cos(\theta_{i,k} - \theta_{i1})\varepsilon_{i1,k} + \frac{\|\boldsymbol{d}_{i,k}\|(\|\boldsymbol{d}_{i,k}\| - \|\boldsymbol{d}_{1,k}\|)}{\|\boldsymbol{r}_{i1}\|}\sin(\theta_{i,k} - \theta_{i1})n_{i,k} \tag{8.38c}$$

式(8.38c)中的伪线性噪声 $e_{\gamma_{i1,k}}$ 是在小噪声近似条件下忽略二阶和高阶噪声项得到的。8.11 节(附录 B)给出了 $e_{\gamma_{i1,k}}$ 的精确表达式。

3. FDOA(到达频差法)

与 TDOA 类似，FDOA 的伪线性方程也可以借助 AOA 的测量值来表示。

由式(8.5)可得到

$$\zeta_{i1,k}=\left(\frac{\boldsymbol{d}_{i,k}^{\mathrm{T}}}{\|\boldsymbol{d}_{i,k}\|}-\frac{\boldsymbol{d}_{1,k}^{\mathrm{T}}}{\|\boldsymbol{d}_{1,k}\|}\right)\boldsymbol{v}_k=[\cos\theta_{i,k}-\cos\theta_{1,k},\ \sin\theta_{i,k}-\sin\theta_{1,k}]\boldsymbol{v}_k \tag{8.39}$$

注意到,用带噪声的测量项 $\tilde{\zeta}_{i1,k}$, $\tilde{\theta}_{i,k}$, $\tilde{\theta}_{1,k}$ 分别替换其对应的无噪声项 $\zeta_{i1,k}$, $\theta_{i,k}$, $\theta_{1,k}$,式(8.39)可以重新表示为

$$\boldsymbol{F}_{\zeta_{i1,k}}\boldsymbol{\xi}=b_{\zeta_{i1,k}}+e_{\zeta_{i1,k}} \tag{8.40}$$

式中,

$$\boldsymbol{F}_{\zeta_{i1,k}}=[\cos\tilde{\theta}_{i,k}-\cos\tilde{\theta}_{1,k},\ \sin\tilde{\theta}_{i,k}-\sin\tilde{\theta}_{1,k}]\boldsymbol{L}, \tag{8.41a}$$

$$b_{\zeta_{i1,k}}=\tilde{\zeta}_{i1,k}, \tag{8.41b}$$

$$e_{\zeta_{i1,k}}\approx(v_{y,k}\cos\theta_{i,k}-v_{x,k}\sin\theta_{i,k})n_{i,k}-(v_{y,k}\cos\theta_{1,k}-v_{x,k}\sin\theta_{1,k})n_{1,k}-\varrho_{i1,k} \tag{8.41c}$$

式(8.41c)中变量 $e_{\zeta_{i1,k}}$ 的表达式忽略了小噪声近似条件下的二阶和高阶噪声项。8.11 节(附录 B)给出了 $e_{\zeta_{i1,k}}$ 的精确表达式。

8.4.2 伪线性最小二乘法(PLE)

在时刻 k, 对 N 个 AOA 测量值、$N-1$ 个 TDOA 测量值和 $N-1$ 个 FDOA 测量值,联立式(8.28)、式(8.37)和式(8.40),有

$$\boldsymbol{F}_k\boldsymbol{\xi}=\boldsymbol{b}_k+\boldsymbol{e}_k \tag{8.42}$$

式中,

$$\boldsymbol{F}_k=[\boldsymbol{F}_{\theta_{1,k}}^{\mathrm{T}},\ \cdots,\ \boldsymbol{F}_{\theta_{N,k}}^{\mathrm{T}},\ \boldsymbol{F}_{\gamma_{21,k}}^{\mathrm{T}},\ \cdots,\ \boldsymbol{F}_{\gamma_{N1,k}}^{\mathrm{T}},\ \boldsymbol{F}_{\zeta_{21,k}}^{\mathrm{T}},\ \cdots,\ \boldsymbol{F}_{\zeta_{N1,k}}^{\mathrm{T}}]^{\mathrm{T}}, \tag{8.43a}$$

$$\boldsymbol{b}_k=[b_{\theta_{1,k}},\ \cdots,\ b_{\theta_{N,k}},\ b_{\gamma_{21,k}},\ \cdots,\ b_{\gamma_{N1,k}},\ b_{\zeta_{21,k}},\ \cdots,\ b_{\zeta_{N1,k}}]^{\mathrm{T}}, \tag{8.43b}$$

$$\boldsymbol{e}_k=[e_{\theta_{1,k}},\ \cdots,\ e_{\theta_{N,k}},\ e_{\gamma_{21,k}},\ \cdots,\ e_{\gamma_{N1,k}},\ e_{\zeta_{21,k}},\ \cdots,\ e_{\zeta_{N1,k}}]^{\mathrm{T}} \tag{8.43c}$$

对 $k=0,\ \cdots,\ M-1$, 联立式(8.42),得到

$$\boldsymbol{F}\boldsymbol{\xi}=\boldsymbol{b}+\boldsymbol{e} \tag{8.44}$$

式中，

$$\boldsymbol{F}=[\boldsymbol{F}_0^{\mathrm{T}},\ \boldsymbol{F}_1^{\mathrm{T}},\ \cdots,\ \boldsymbol{F}_{M-1}^{\mathrm{T}}]^{\mathrm{T}}, \tag{8.45a}$$

$$\boldsymbol{b}=[\boldsymbol{b}_0^{\mathrm{T}},\ \boldsymbol{b}_1^{\mathrm{T}},\ \cdots,\ \boldsymbol{b}_{M-1}^{\mathrm{T}}]^{\mathrm{T}}, \tag{8.45b}$$

$$\boldsymbol{e}=[\boldsymbol{e}_0^{\mathrm{T}},\ \boldsymbol{e}_1^{\mathrm{T}},\ \cdots,\ \boldsymbol{e}_{M-1}^{\mathrm{T}}]^{\mathrm{T}} \tag{8.45c}$$

在最小二乘法下，求解式(8.44)，得到如下伪线性估计量：

$$\hat{\boldsymbol{\xi}}_{\mathrm{PLE}}=\underset{\boldsymbol{\xi}\in\mathbf{R}^4}{\operatorname{argmin}}\|\boldsymbol{F}\boldsymbol{\xi}-\boldsymbol{b}\|^2 \tag{8.46a}$$

$$=(\boldsymbol{F}^{\mathrm{T}}\boldsymbol{F})^{-1}\boldsymbol{F}^{\mathrm{T}}\boldsymbol{b} \tag{8.46b}$$

如果式中 $(\boldsymbol{F}^{\mathrm{T}}\boldsymbol{F})^{-1}$ 项存在，则目标是可观测的(即 $\boldsymbol{F}$ 是满秩矩阵)。对于所考虑的问题，$\boldsymbol{F}$ 一般是满秩的，因为在目标运动期间，雷达测量值是在空间分布的多个接收站上得到的。矩阵 $\boldsymbol{F}$ 只有在目标处于整个观测周期内与所有接收站共线这种特殊几何条件下(实际上很少发生)，才是不满秩的。

8.5　伪线性估计的偏差补偿

8.5.1　偏差分析

PLE 的估计值 $\hat{\boldsymbol{\xi}}_{\mathrm{PLE}}$ 可以写成伪线性噪声向量 $\boldsymbol{e}$ 的形式，将 $\boldsymbol{b}=\boldsymbol{F}\boldsymbol{\xi}-\boldsymbol{e}$ [见式(8.44)]代入式(8.46b)中：

$$\hat{\boldsymbol{\xi}}_{\mathrm{PLE}}=\boldsymbol{\xi}-(\boldsymbol{F}^{\mathrm{T}}\boldsymbol{F})^{-1}\boldsymbol{F}^{\mathrm{T}}\boldsymbol{e} \tag{8.47}$$

因此，PLE 的偏置由下式给出：

$$\boldsymbol{\delta}=E\{\hat{\boldsymbol{\xi}}_{\mathrm{PLE}}\}-\boldsymbol{\xi}=-E\{(\boldsymbol{F}^{\mathrm{T}}\boldsymbol{F})^{-1}\boldsymbol{F}^{\mathrm{T}}\boldsymbol{e}\} \tag{8.48}$$

根据 Slutsky 定理[100]，PLE 偏差可以近似为

$$\boldsymbol{\delta}\approx-E\left\{\frac{\boldsymbol{F}^{\mathrm{T}}\boldsymbol{F}}{M}\right\}^{-1}E\left\{\frac{\boldsymbol{F}^{\mathrm{T}}\boldsymbol{e}}{M}\right\} \tag{8.49}$$

对于足够大的 M 值，由于测量矩阵 $\boldsymbol{F}$ 是根据带噪声的 AOA、TDOA 和 FDOA 测量值构造的，因此 $\boldsymbol{F}$ 与伪线性噪声向量 $\boldsymbol{e}$ 相关，且该相关性不会随着 M 的增加而消失，从而有

$$E\left\{\frac{\boldsymbol{F}^{\mathrm{T}}\boldsymbol{e}}{M}\right\}\neq\mathbf{0} \tag{8.50}$$

这往往导致 PLE 的非零偏差：

$$\boldsymbol{\delta}_{\mathrm{PLE}} \neq \mathbf{0} \tag{8.51}$$

式(8.50)可表示为

$$E\left\{\frac{\boldsymbol{F}^{\mathrm{T}}\boldsymbol{e}}{M}\right\}=\frac{1}{M}\sum_{k=0}^{M-1}E\{\boldsymbol{F}_k^{\mathrm{T}}\boldsymbol{e}_k\} \tag{8.52a}$$

$$=\frac{1}{M}\sum_{k=0}^{M-1}\left(\sum_{i=1}^{N}E\{\boldsymbol{F}_{\theta_{i,k}}^{\mathrm{T}}e_{\theta_{i,k}}\}+\sum_{i=2}^{N}E\{\boldsymbol{F}_{\gamma_{i1,k}}^{\mathrm{T}}e_{\gamma_{i1,k}}\}+\sum_{i=2}^{N}E\{\boldsymbol{F}_{\zeta_{i1,k}}^{\mathrm{T}}e_{\zeta_{i1,k}}\}\right) \tag{8.52b}$$

式中，$E\{\boldsymbol{F}_{\theta_{i,k}}^{\mathrm{T}}e_{\theta_{i,k}}\}$，$E\{\boldsymbol{F}_{\gamma_{i1,k}}^{\mathrm{T}}e_{\gamma_{11,k}}\}$，$E\{\boldsymbol{F}_{\zeta i1,k}^{\mathrm{T}}e_{\zeta_{i1,k}}\}$ 可近似写成：

$$E\{\boldsymbol{F}_{\theta_{i,k}}^{\mathrm{T}}e_{\theta_{i,k}}\}\approx\sigma_{\theta_{i,k}}^{2}\boldsymbol{M}_k^{\mathrm{T}}\boldsymbol{d}_{i,k}, \tag{8.53}$$

$$\begin{aligned}E\{\boldsymbol{F}_{\gamma_{i1,k}}^{\mathrm{T}}e_{\gamma_{i1,k}}\}\approx\frac{\boldsymbol{M}_k^{\mathrm{T}}\boldsymbol{r}_{i1}}{\|\boldsymbol{r}_{i1}\|^2}\Bigg\{&\frac{\|\boldsymbol{d}_{1,k}\|\cos(\theta_{i,k}-\theta_{i1})}{\|\boldsymbol{r}_{i1}\|}\boldsymbol{K}_{\boldsymbol{\varepsilon\varepsilon},k}(i-1)\\&+\|\boldsymbol{d}_{i,k}\|(\|\boldsymbol{d}_{i,k}\|-\|\boldsymbol{d}_{1,k}\|)\sin^2(\theta_{i,k}-\theta_{i1})\sigma_{\theta_{i,k}}^2\\&+\left[\frac{\|\boldsymbol{d}_{i,k}\|-\|\boldsymbol{d}_{1,k}\|}{\|\boldsymbol{r}_{i1}\|}-\cos(\theta_{i,k}-\theta_{i1})\right]\\&\times\left[-\frac{1}{2}\cos(\theta_{i,k}-\theta_{i1})\boldsymbol{K}_{\boldsymbol{\varepsilon\varepsilon},k}(i-1)\right.\\&\left.+\frac{1}{2}\|\boldsymbol{d}_{i,k}\|(\|\boldsymbol{d}_{i,k}\|-\|\boldsymbol{d}_{1,k}\|)\cos(\theta_{i,k}-\theta_{i1})\sigma_{\theta_{i,k}}^2\right]\Bigg\},\end{aligned} \tag{8.54}$$

$$\begin{aligned}E\{\boldsymbol{F}_{\zeta_{i1,k}}^{\mathrm{T}}e_{\zeta_{i1,k}}\}\approx\boldsymbol{L}^{\mathrm{T}}\Bigg\{&\begin{bmatrix}-\sin\theta_{i,k}\\\cos\theta_{i,k}\end{bmatrix}(v_{y,k}\cos\theta_{i,k}-v_{x,k}\sin\theta_{i,k})\sigma_{\theta_{i,k}}^2\\&+\begin{bmatrix}-\sin\theta_{1,k}\\\cos\theta_{1,k}\end{bmatrix}(v_{y,k}\cos\theta_{1,k}-v_{x,k}\sin\theta_{1,k})\sigma_{\theta_{1,k}}^2\\&+\begin{bmatrix}\cos\theta_{i,k}-\cos\theta_{1,k}\\\sin\theta_{i,k}-\sin\theta_{1,k}\end{bmatrix}\times\Bigg(-\frac{(v_{x,k}\cos\theta_{i,k}+v_{y,k}\sin\theta_{i,k})}{2}\sigma_{\theta_{i,k}}^2\\&+\frac{(v_{x,k}\cos\theta_{1,k}+v_{y,k}\sin\theta_{1,k})}{2}\sigma_{\theta_{1,k}}^2\Bigg)\Bigg\}\end{aligned} \tag{8.55}$$

在小噪声假设条件下，这里用 $\boldsymbol{K}_{\boldsymbol{\varepsilon\varepsilon},k}(i-1)$ 表示 $\boldsymbol{K}_{\boldsymbol{\varepsilon\varepsilon},k}$ 的第 $i-1$ 个对角元素。

8.5.2　偏差补偿

解决 PLE 偏差问题的一个直接方法是对 PLE 进行估计并从 PLE 的估计值中减去瞬时 PLE 偏差值。对于足够大的 M 值，瞬时 PLE 偏差可估计为

$$\hat{\boldsymbol{\xi}}_{\text{PLE}}-\boldsymbol{\xi}=-(\boldsymbol{F}^{\mathrm{T}}\boldsymbol{F})^{-1}\boldsymbol{F}^{\mathrm{T}}\boldsymbol{e} \tag{8.56a}$$

$$\approx-(\boldsymbol{F}^{\mathrm{T}}\boldsymbol{F})^{-1}E\{\boldsymbol{F}^{\mathrm{T}}\boldsymbol{e}\} \tag{8.56b}$$

$$\approx-(\boldsymbol{F}^{\mathrm{T}}\boldsymbol{F})^{-1}\hat{E}\{\boldsymbol{F}^{\mathrm{T}}\boldsymbol{e}\} \tag{8.56c}$$

式中，

$$\hat{E}\{\boldsymbol{F}^{\mathrm{T}}\boldsymbol{e}\}=\sum_{k=0}^{M-1}\left(\sum_{i=1}^{N}\hat{E}\{\boldsymbol{F}_{\theta_{i,k}}^{\mathrm{T}}e_{\theta_{i,k}}\}+\sum_{i=2}^{N}\hat{E}\{\boldsymbol{F}_{\gamma_{i1,k}}^{\mathrm{T}}e_{\gamma_{i1,k}}\}+\sum_{i=2}^{N}\hat{E}\{\boldsymbol{F}_{\zeta_{i1,k}}^{\mathrm{T}}e_{\zeta_{i1,k}}\}\right) \tag{8.57}$$

式中，$\hat{E}\{\boldsymbol{F}_{\theta_{i,k}}^{\mathrm{T}}e_{\theta_{i,k}}\}$，$\hat{E}\{\boldsymbol{F}_{\gamma_{i1,k}}^{\mathrm{T}}e_{\gamma_{i1,k}}\}$，$\hat{E}\{\boldsymbol{F}_{\zeta_{i1,k}}^{\mathrm{T}}e_{\zeta i1,k}\}$ 的表达式分别与式(8.53)～式(8.55)中的 $E\{\boldsymbol{F}_{\theta_{i,k}}^{\mathrm{T}}e_{\theta_{i,k}}\}$，$E\{\boldsymbol{F}_{\gamma_{i1,k}}^{\mathrm{T}}e_{\gamma_{i1,k}}\}$，$E\{\boldsymbol{F}_{\zeta_{i1,k}}^{\mathrm{T}}e_{\zeta_{i1,k}}\}$ 的表达式是一样的；除了变量 $\boldsymbol{d}_{i,k}$，$\theta_{i,k}$，$\boldsymbol{v}_k$ 需要用基于 PLE 估计值 $\hat{\boldsymbol{\xi}}_{\text{PLE}}$ 计算得到的值 $\hat{\boldsymbol{d}}_{i,k}$，$\hat{\theta}_{i,k}$，$\hat{\boldsymbol{v}}_k$ 来代替以外。从 $\hat{\boldsymbol{\xi}}_{\text{PLE}}$ 中减去式(8.56)所给定的瞬时 PLE 偏差估计值，得到 PLE 的偏差补偿量为

$$\hat{\boldsymbol{\xi}}_{\text{BCPLE}}=\hat{\boldsymbol{\xi}}_{\text{PLE}}+(\boldsymbol{F}^{\mathrm{T}}\boldsymbol{F})^{-1}\hat{E}\{\boldsymbol{F}^{\mathrm{T}}\boldsymbol{e}\} \tag{8.58}$$

BCPLE 不是严格无偏的，因为瞬时 PLE 偏差值是根据噪声测量值估计得到的。然而它能够显著降低 PLE 偏差，特别是在有小测量噪声的情形[80]。

8.6　渐近无偏加权辅助变量估计

在前面的章节中，提出了一个重要的、可直接进行偏差补偿的方法是使用辅助变量。具体而言，测量矩阵 $\boldsymbol{F}$ 和伪线性噪声向量 $\boldsymbol{e}$（该向量是造成 PLE 偏差的主要原因）之间的相关性可以通过在 PLE 正规方程中用辅助变量(Instrument Variable, IV)矩阵 $\boldsymbol{G}^{\mathrm{T}}$ 代替 $\boldsymbol{F}^{\mathrm{T}}$ 方式进行消除，其中 $\boldsymbol{G}$ 与伪线性噪声向量 $\boldsymbol{e}$ 近似不相关。具体地，PLE 的正规方程可以从式(8.59)修改为式(8.60)：

$$\boldsymbol{F}^{\mathrm{T}}\boldsymbol{F}\hat{\boldsymbol{\xi}}_{\text{PLE}}=\boldsymbol{F}^{\mathrm{T}}\boldsymbol{b} \tag{8.59}$$

$$\boldsymbol{G}^{\mathrm{T}}\boldsymbol{F}\hat{\boldsymbol{\xi}}_{\text{IVE}}=\boldsymbol{G}^{\mathrm{T}}\boldsymbol{b} \tag{8.60}$$

由此可得到以下的辅助变量估计(IVE)：

$$\hat{\boldsymbol{\xi}}_{\mathrm{IVE}}=(\boldsymbol{G}^{\mathrm{T}}\boldsymbol{F})^{-1}\boldsymbol{G}^{\mathrm{T}}\mathbf{b} \tag{8.61}$$

为确保辅助变量估计的渐近无偏性，即当 $M\to\infty$ 时，有 $E\{\hat{\boldsymbol{\xi}}_{\mathrm{IVE}}\}=\boldsymbol{\xi}$，辅助变量矩阵 $\boldsymbol{G}$ 的选择必须满足 $E\left\{\frac{\boldsymbol{G}^{\mathrm{T}}\boldsymbol{F}}{M}\right\}$ 是非奇异的，且当 $M\to\infty$ 时，有 $E\left\{\frac{\boldsymbol{G}^{\mathrm{T}}\boldsymbol{e}}{M}\right\}=\mathbf{0}$。

总之，无噪声的测量矩阵 $\boldsymbol{F}$ (用 $\boldsymbol{F}_{\mathrm{o}}$ 表示)是辅助变量矩阵的最优选择。然而，由于 $\boldsymbol{F}_{\mathrm{o}}$ 是未知的，我们采用从 BCPLE 估值 $\hat{\boldsymbol{\xi}}_{\mathrm{BCPLE}}$ 中计算得到的 F_{o} 估值作为辅助变量矩阵。具体地，该矩阵 $\boldsymbol{G}$ 由下式给出：

$$\boldsymbol{G}=[\boldsymbol{G}_0^{\mathrm{T}},\ \boldsymbol{G}_1^{\mathrm{T}},\ \cdots,\ \boldsymbol{G}_{M-1}^{\mathrm{T}}]^{\mathrm{T}} \tag{8.62}$$

式中，

$$\boldsymbol{G}_k=[\boldsymbol{G}_{\theta_{1,k}}^{\mathrm{T}},\ \cdots,\ \boldsymbol{G}_{\theta_{N,k}}^{\mathrm{T}},\ \boldsymbol{G}_{\gamma_{21,k}}^{\mathrm{T}}\cdots,\ \boldsymbol{G}_{\gamma_{N1,k}}^{\mathrm{T}},\ \boldsymbol{G}_{\zeta_{21,k}}^{\mathrm{T}},\ \cdots,\ \boldsymbol{G}_{\zeta_{N1,k}}^{\mathrm{T}}]^{\mathrm{T}} \tag{8.63}$$

且有

$$\boldsymbol{G}_{\theta_{i,k}}=[\sin\hat{\theta}_{i,k},\ \cos\hat{\theta}_{i,k}]\boldsymbol{M}_k, \tag{8.64a}$$

$$\boldsymbol{G}_{\gamma_{11,k}}=\left(\frac{\hat{\gamma}_{i1,k}}{\|\boldsymbol{r}_{i1}\|}-\cos(\hat{\theta}_{i,k}-\theta_{i1})\right)\frac{\boldsymbol{r}_{i1}^{\mathrm{T}}\boldsymbol{M}_k}{\|\boldsymbol{r}_{i1}\|}, \tag{8.64b}$$

$$\boldsymbol{G}_{\zeta_{i1,k}}=[\cos\hat{\theta}_{i,k}-\cos\hat{\theta}_{1,k},\ \sin\hat{\theta}_{i,k}-\sin\hat{\theta}_{1,k}]\boldsymbol{L}, \tag{8.64c}$$

以及

$$\hat{\theta}_{i,k}=\tan^{-1}\frac{\hat{p}_{y,k}-r_{y,i}}{\hat{p}_{x,k}-r_{x,i}}, \tag{8.65a}$$

$$\hat{\gamma}_{ji,k}=\|\hat{\boldsymbol{p}}_k-\boldsymbol{r}_j\|-\|\hat{\boldsymbol{p}}_k-\boldsymbol{r}_i\|, \tag{8.65b}$$

$$\hat{\boldsymbol{p}}_k=[\hat{p}_{x,k},\ \hat{p}_{y,k}]^{\mathrm{T}}=\boldsymbol{M}_k\hat{\boldsymbol{\xi}}_{\mathrm{BCPLE}} \tag{8.65c}$$

当 $M\to\infty$ 时，自协方差 $\hat{\boldsymbol{\xi}}_{\mathrm{BCPLE}}$ 趋于 $\mathbf{0}$，且 $\hat{\boldsymbol{\xi}}_{\mathrm{BCPLE}}$ 和 $\boldsymbol{e}$ 之间也不再具有相关性。因此，使用 $\hat{\boldsymbol{\xi}}_{\mathrm{BCPLE}}$ 来构造的矩阵 $\boldsymbol{G}$ 与 $\boldsymbol{e}$ 也渐近不相关[80]，也即

$$\text{当 } M\to\infty \text{ 时，} E\left\{\frac{\boldsymbol{G}^{\mathrm{T}}\boldsymbol{e}}{M}\right\}=\mathbf{0} \tag{8.66}$$

在实际应用中，当 M 足够大时，近似有 $E\left\{\frac{\boldsymbol{G}^{\mathrm{T}}\boldsymbol{e}}{M}\right\}\approx\boldsymbol{0}$。

为了改善 IVE 的均方根误差(Root Mean Square Error, RMSE)性能，引入伪线性噪声向量 $\boldsymbol{e}$ 的协方差近似加权矩阵：

$$\boldsymbol{W}_{\mathrm{o}}=E\{\boldsymbol{e}\boldsymbol{e}^{\mathrm{T}}\}=\mathrm{diag}(\boldsymbol{W}_0,\ \boldsymbol{W}_1,\ \cdots,\ \boldsymbol{W}_{M-1}) \tag{8.67}$$

式中，

$$\boldsymbol{W}_k=E\{\boldsymbol{e}_k\boldsymbol{e}_k^{\mathrm{T}}\}=\begin{bmatrix}W_{11,k} & \boldsymbol{W}_{12,k} & \boldsymbol{W}_{13,k} & \boldsymbol{W}_{14,k}\\ \boldsymbol{W}_{12,k}^{\mathrm{T}} & \boldsymbol{W}_{22,k} & \boldsymbol{W}_{23,k} & \boldsymbol{W}_{24,k}\\ \boldsymbol{W}_{13,k}^{\mathrm{T}} & \boldsymbol{W}_{23,k}^{\mathrm{T}} & \boldsymbol{W}_{33,k} & \boldsymbol{W}_{34,k}\\ \boldsymbol{W}_{14,k}^{\mathrm{T}} & \boldsymbol{W}_{24,k}^{\mathrm{T}} & \boldsymbol{W}_{34,k}^{\mathrm{T}} & \boldsymbol{W}_{44,k}\end{bmatrix} \tag{8.68}$$

$\boldsymbol{W}_k$ 的完整表达式为

$$W_{11,k}=E\{e_{\theta_{1,k}}^2\}\approx\|\boldsymbol{d}_{1,k}\|^2\sigma_{\theta_{1,k}}^2, \tag{8.69a}$$

$$\boldsymbol{W}_{12,k}=E\{e_{\theta_{1,k}}[e_{\theta_{2,k}},\ \cdots,\ e_{\theta_{N,k}}]\}=\boldsymbol{0}_{1\times(N-1)}, \tag{8.69b}$$

$$\boldsymbol{W}_{13,k}=E\{e_{\theta_{1,k}}[e_{\gamma_{21,k}},\ \cdots,\ e_{\gamma_{N1,k}}]\}=\boldsymbol{0}_{1\times(N-1)}, \tag{8.69c}$$

$$\begin{aligned}\boldsymbol{W}_{14,k}&=E\{e_{\theta_{1,k}}[e_{\zeta_{21,k}},\ \cdots,\ e_{\zeta_{N1,k}}]\}\\&\approx-\|\boldsymbol{d}_{1,k}\|(v_{y,k}\cos\theta_{1,k}-v_{x,k}\sin\theta_{1,k})\sigma_{\theta_{1,k}}^2\times 1_{1\times(N-1)},\end{aligned} \tag{8.69d}$$

$$\begin{aligned}\boldsymbol{W}_{22,k}&=E\{[e_{\theta_{2,k}},\ \cdots,\ e_{\theta_{N,k}}]^{\mathrm{T}}[e_{\theta_{2,k}},\ \cdots,\ e_{\theta_{N,k}}]\}\\&\approx\mathrm{diag}(\cdots,\ \|\boldsymbol{d}_{i,k}\|^2\sigma_{\theta_{i,k}}^2,\ \cdots)_{i=2,\ \cdots,\ N},\end{aligned} \tag{8.69e}$$

$$\begin{aligned}\boldsymbol{W}_{23,k}&=E\{[e_{\theta_{2,k}},\ \cdots,\ e_{\theta_{N,k}}]^{\mathrm{T}}[e_{\gamma_{21,k}},\ \cdots,\ e_{\gamma_{N1,k}}]\}\\&\approx\mathrm{diag}\left(\cdots,\ \frac{\|\boldsymbol{d}_{i,k}\|^2(\|\boldsymbol{d}_{i,k}\|-\|\boldsymbol{d}_{1,k}\|)}{\|\boldsymbol{r}_{i1}\|}\sin(\theta_{i,k}-\theta_{i1})\sigma_{\theta_{i,k}}^2,\ \cdots\right)_{i=2,\ \cdots,\ N},\end{aligned} \tag{8.69f}$$

$$\begin{aligned}\boldsymbol{W}_{24,k}&=E\{[e_{\theta_{2,k}},\ \cdots,\ e_{\theta_{N,k}}]^{\mathrm{T}}[e_{\zeta_{21,k}},\ \cdots,\ e_{\zeta_{N1,k}}]\}\\&\approx\mathrm{diag}(\cdots,\ \|\boldsymbol{d}_{i,k}\|(v_{y,k}\cos\theta_{i,k}-v_{x,k}\sin\theta_{i,k})\sigma_{\theta_{i,k}}^2,\ \cdots)_{i=2,\ \cdots,\ N},\end{aligned} \tag{8.69g}$$

$$\begin{aligned}\boldsymbol{W}_{33,k}&=E\{[e_{\gamma_{21,k}},\ \cdots,\ e_{\gamma_{N1,k}}]^{\mathrm{T}}[e_{\gamma_{21,k}},\ \cdots,\ e_{\gamma_{N1,k}}]\}\\&\approx\mathrm{diag}\left(\cdots,\ \frac{\|\boldsymbol{d}_{1,k}\|}{\|\boldsymbol{r}_{i1}\|}\cos(\theta_{i,k}-\theta_{i1}),\ \cdots\right)_{i=2,\ \cdots,\ N}\end{aligned}$$

$$\times \boldsymbol{K}_{\boldsymbol{\varepsilon\varepsilon},k} \times \operatorname{diag}\left(\cdots, \frac{\|\boldsymbol{d}_{1,k}\|}{\|\boldsymbol{r}_{i1}\|}\cos(\theta_{i,k}-\theta_{i1}), \cdots\right)_{i=2,\cdots,N}$$
$$+\operatorname{diag}\left(\cdots, \frac{\|\boldsymbol{d}_{i,k}\|^2(\|\boldsymbol{d}_{i,k}\|-\|\boldsymbol{d}_{1,k}\|)^2}{\|\boldsymbol{r}_{i1}\|^2}\right.$$
$$\left.\times \sin^2(\theta_{i,k}-\theta_{i1})\sigma_{\theta_{i,k}}^2, \cdots\right)_{i=2,\cdots,N}, \tag{8.69h}$$

$$\boldsymbol{W}_{34,k} = E\{[e_{\gamma_{21,k}}, \cdots, e_{\gamma_{N1,k}}]^{\mathrm{T}}[e_{\zeta_{21,k}}, \cdots, e_{\zeta_{N1,k}}]\}$$
$$\approx -\operatorname{diag}\left(\cdots, \frac{\|\boldsymbol{d}_{1,k}\|}{\|\boldsymbol{r}_{i1}\|}\cos(\theta_{i,k}-\theta_{i1}), \cdots\right)_{i=2,\cdots,N} \times K_{\boldsymbol{\varepsilon\varrho},k}$$
$$+\operatorname{diag}\left(\cdots, \frac{\|\boldsymbol{d}_{i,k}\|(\|\boldsymbol{d}_{i,k}\|-\|\boldsymbol{d}_{1,k}\|)}{\|\boldsymbol{r}_{i1}\|}\right.$$
$$\left.\times \sin(\theta_{i,k}-\theta_{i1})(v_{y,k}\cos\theta_{i,k}-v_{x,k}\sin\theta_{i,k})\sigma_{\theta_{i,k}}^2, \cdots\right)_{i=2,\cdots,N}, \tag{8.69i}$$

$$\boldsymbol{W}_{44,k} = E\{[e_{\zeta_{21,k}}, \cdots, e_{\zeta_{N1,k}}]^{\mathrm{T}}[e_{\zeta_{21,k}}, \cdots, e_{\zeta_{N1,k}}]\}$$
$$\approx \operatorname{diag}(\cdots, (v_{y,k}\cos\theta_{i,k}-v_{x,k}\sin\theta_{i,k})^2\sigma_{\theta_{i,k}}^2, \cdots)_{i=2,\cdots,N}$$
$$+(v_{y,k}\cos\theta_{1,k}-v_{x,k}\sin\theta_{1,k})^2\sigma_{\theta_{1,k}}^2 \times 1_{(N-1)\times(N-1)} + \boldsymbol{K}_{\boldsymbol{\varrho\varrho},k} \tag{8.69j}$$

其中,在小测量噪声的假设条件下忽略三阶和更高阶噪声项。值得重点强调的是,AOA、TDOA 和 FDOA 分量的伪线性噪声之间存在一定相关性,因为需要联合使用 AOA 测量值与 TDOA 和 FDOA 测量值,从而构成 TDOA 和 FDOA 的伪线性方程(参见 8.4 节)。这可以通过 $\boldsymbol{W}_k$ 的非对角形式反映出来。式(8.69)给出的 $\boldsymbol{W}_k$ 完整形式,其是未知项 $\boldsymbol{d}_{i,k}$, $\theta_{i,k}$, $\boldsymbol{v}_k$ 的函数,故无法求出式(8.67)中的 $\boldsymbol{W}_o$。因此,采用基于 BCPLE 的估计值 $\hat{\boldsymbol{\xi}}_{\mathrm{BCPLE}}$ 获得 $\hat{\boldsymbol{d}}_{i,k}$, $\hat{\theta}_{i,k}$, $\hat{\boldsymbol{v}}_k$ 的估计值,从而不用直接求加权矩阵 $\boldsymbol{W}$。这里用 $\boldsymbol{W}_o$ 来表示 $\boldsymbol{W}$ 的无噪声量。

将加权矩阵 $\boldsymbol{W}$ 应用到式(8.61)中的 IVE,得到加权辅助变量估计(WIVE):

$$\hat{\boldsymbol{\xi}}_{\mathrm{WIVE}} = (\boldsymbol{G}^{\mathrm{T}}\boldsymbol{W}^{-1}\boldsymbol{F})^{-1}\boldsymbol{G}^{\mathrm{T}}\boldsymbol{W}^{-1}\boldsymbol{b} \tag{8.70}$$

8.7 渐近效率分析

在本节中,分析并证明在测量噪声较小的情况下,WIVE 是渐近有效的(即当 $M \to \infty$ 时,其误差协方差矩阵逼近 CRLB 矩阵),WIVE 的误差协方差矩阵由下式给出:

$$\boldsymbol{C}_{\mathrm{WIVE}} = E\{(\hat{\boldsymbol{\xi}}_{\mathrm{WIVE}}-\boldsymbol{\xi})(\hat{\boldsymbol{\xi}}_{\mathrm{WIVE}}-\boldsymbol{\xi})^{\mathrm{T}}\} \tag{8.71a}$$

$$=E\{(\boldsymbol{G}^{\mathrm{T}}\boldsymbol{W}^{-1}\boldsymbol{F})^{-1}\boldsymbol{G}^{\mathrm{T}}\boldsymbol{W}^{-1}\boldsymbol{e}\boldsymbol{e}^{\mathrm{T}}\boldsymbol{W}^{-1}\boldsymbol{G}(\boldsymbol{F}^{\mathrm{T}}\boldsymbol{W}^{-1}\boldsymbol{G})^{-1}\} \tag{8.71b}$$

假设目标具备可观测性(即 $\boldsymbol{G}^{\mathrm{T}}\boldsymbol{W}^{-1}\boldsymbol{F}$ 是非奇异的)，WIVE 的渐近误差协方差阵为

$$\boldsymbol{C}_{\mathrm{WIVE}}=\mathrm{plim}\left\{\frac{1}{M}\left(\frac{\boldsymbol{G}^{\mathrm{T}}\boldsymbol{W}^{-1}\boldsymbol{F}}{M}\right)^{-1}\frac{\boldsymbol{G}^{\mathrm{T}}\boldsymbol{W}^{-1}\boldsymbol{e}\boldsymbol{e}^{\mathrm{T}}\boldsymbol{W}^{-1}\boldsymbol{G}}{M}\left(\frac{\boldsymbol{F}^{\mathrm{T}}\boldsymbol{W}^{-1}\boldsymbol{G}}{M}\right)^{-1}\right\} \tag{8.72}$$

式中，概率极限 plim 由文献[101]定义：

$$\mathrm{plim}\,\hat{\boldsymbol{x}}(M)=\boldsymbol{x}^{*}\Leftrightarrow\lim_{M\to\infty}P\{|\,\boldsymbol{x}(M)-\boldsymbol{x}^{*}\,|>\varepsilon\}=0$$

对每个 $\varepsilon>0$ 均成立。将 Slutsky 定理[100]应用于式(8.72)，得到：

$$\boldsymbol{C}_{\mathrm{WIVE}}=\mathrm{plim}\left\{\frac{1}{M}\right\}\mathrm{plim}\left\{\frac{\boldsymbol{G}^{\mathrm{T}}\boldsymbol{W}^{-1}\boldsymbol{F}}{M}\right\}^{-1}\mathrm{plim}\left\{\frac{\boldsymbol{G}^{\mathrm{T}}\boldsymbol{W}^{-1}\boldsymbol{e}\boldsymbol{e}^{\mathrm{T}}\boldsymbol{W}^{-1}\boldsymbol{G}}{M}\right\}\times\mathrm{plim}\left\{\frac{\boldsymbol{F}^{\mathrm{T}}\boldsymbol{W}^{-1}\boldsymbol{G}}{M}\right\}^{-1} \tag{8.73}$$

我们可以把式(8.73)右边第二个 plim 中的项改写为

$$\frac{\boldsymbol{G}^{\mathrm{T}}\boldsymbol{W}^{-1}\boldsymbol{F}}{M}=\frac{1}{M}\sum_{k=0}^{M-1}\boldsymbol{G}_k^{\mathrm{T}}\boldsymbol{W}_k^{-1}\boldsymbol{F}_k \tag{8.74}$$

由于测量噪声向量 $\boldsymbol{\eta}_k$ 是有限值，且在统计上独立于 k，$\boldsymbol{G}_k^{\mathrm{T}}\boldsymbol{W}_k^{-1}\boldsymbol{F}_k$ 也在统计上独立于 k，并且 $\boldsymbol{G}_k^{\mathrm{T}}\boldsymbol{W}_k^{-1}\boldsymbol{F}_k$ 的各项(记为 $\kappa_{ij,k}$)具有有限方差。利用不等式：

$$\sum_{k=0}^{M-1}\frac{E\{\kappa_{ij,k}^2\}}{(k+1)^2}\leqslant\max\{E\{\kappa_{ij,k}^2\}\}\sum_{k=0}^{M-1}\frac{1}{(k+1)^2}, \tag{8.75}$$

注意到：当 $M\to\infty$ 时，$\sum_{k=0}^{M-1}\frac{1}{(k+1)^2}$ 收敛于 $\frac{\pi^2}{6}$ [102]，$\sum_{k=0}^{M-1}\frac{E\{\kappa_{ij,k}^2\}}{(k+1)^2}$ 也是收敛的。因此，对于 $\boldsymbol{G}_k^{\mathrm{T}}\boldsymbol{W}_k^{-1}\boldsymbol{F}_k$ 中的每一项 $\kappa_{ij,k}$ 均满足“柯尔莫哥洛夫(Kolmogorov)”准则。因此，根据柯尔莫哥洛夫的强大数定律[103]，当 $M\to\infty$ 时，$\frac{1}{M}\sum_{k=0}^{M-1}\boldsymbol{G}_k^{\mathrm{T}}\boldsymbol{W}_k^{-1}\boldsymbol{F}_k$ 几乎必然收敛于 $\frac{1}{M}\sum_{k=0}^{M-1}E\{\boldsymbol{G}_k^{\mathrm{T}}\boldsymbol{W}_k^{-1}\boldsymbol{F}_k\}$。这意味着当 $M\to\infty$ 时，样本协方差矩阵 $\frac{\boldsymbol{G}^{\mathrm{T}}\boldsymbol{W}^{-1}\boldsymbol{F}}{M}$ 几乎必然收敛于 $E\left\{\frac{\boldsymbol{G}^{\mathrm{T}}\boldsymbol{W}^{-1}\boldsymbol{F}}{M}\right\}$。由此得到：

$$\mathrm{plim}\left\{\frac{\boldsymbol{G}^{\mathrm{T}}\boldsymbol{W}^{-1}\boldsymbol{F}}{M}\right\}^{-1}=E\left\{\frac{\boldsymbol{G}^{\mathrm{T}}\boldsymbol{W}^{-1}\boldsymbol{F}}{M}\right\}^{-1} \tag{8.76}$$

对于小测量噪声，用于计算 WIVE 矩阵 $\boldsymbol{G}$ 和 $\boldsymbol{W}$ 的 BCPLE 估计值 $\hat{\boldsymbol{\xi}}_{\mathrm{BCPLE}}$ 具有小的偏差。此外，当 $M \rightarrow \infty$ 时，根据 $\hat{\boldsymbol{\xi}}_{\mathrm{BCPLE}}$ 计算得到的 $\hat{\boldsymbol{d}}_{i,k}$，$\hat{\boldsymbol{\theta}}_{i,k}$，$\hat{v}_k$ 估值，其协方差为零。因此，在小测量噪声的假设下，当 $M \rightarrow \infty$ 时，矩阵 $\boldsymbol{G}$ 和 $\boldsymbol{W}$ 可以用其无噪声项 $\boldsymbol{G}_{\circ}$ 和 $\boldsymbol{W}_{\circ}$ 来近似。注意此时的 $\boldsymbol{G}_{\circ}=\boldsymbol{F}_{\circ}$。因此，有

$$\operatorname{plim}\left\{\frac{\boldsymbol{G}^{\mathrm{T}}\boldsymbol{W}^{-1}\boldsymbol{F}}{M}\right\}^{-1} \approx E\left\{\frac{\boldsymbol{F}_{\circ}^{\mathrm{T}}\boldsymbol{W}_{\circ}^{-1}\boldsymbol{F}}{M}\right\}^{-1} \tag{8.77}$$

使用近似式 $E\{\boldsymbol{F}\} \approx \boldsymbol{F}_{\circ}$（忽略二阶和更高阶的噪声项），可推导出：

$$E\left\{\frac{\boldsymbol{F}_{\circ}^{\mathrm{T}}\boldsymbol{W}_{\circ}^{-1}\boldsymbol{F}}{M}\right\}=\frac{\boldsymbol{F}_{\circ}^{\mathrm{T}}\boldsymbol{W}_{\circ}^{-1}\boldsymbol{E}\{\boldsymbol{F}\}}{M} \approx \frac{\boldsymbol{F}_{\circ}^{\mathrm{T}}\boldsymbol{W}_{\circ}^{-1}\boldsymbol{F}_{\circ}}{M} \tag{8.78}$$

由式(8.77)和式(8.78)，可得

$$\operatorname{plim}\left\{\frac{\boldsymbol{G}^{\mathrm{T}}\boldsymbol{W}^{-1}\boldsymbol{F}}{M}\right\}^{-1} \approx M(\boldsymbol{F}_{\circ}^{\mathrm{T}}\boldsymbol{W}_{\circ}^{-1}\boldsymbol{F}_{\circ})^{-1} \tag{8.79}$$

同样地，有

$$\operatorname{plim}\left\{\frac{\boldsymbol{F}^{\mathrm{T}}\boldsymbol{W}^{-1}\boldsymbol{G}}{M}\right\}^{-1} \approx M(\boldsymbol{F}_{\circ}^{\mathrm{T}}\boldsymbol{W}_{\circ}^{-1}\boldsymbol{F}_{\circ})^{-1} \tag{8.80}$$

使用类似于式(8.76)的表示法，可以用“强大数定律”证明下式：

$$\operatorname{plim}\left\{\frac{\boldsymbol{G}^{\mathrm{T}}\boldsymbol{W}^{-1}\boldsymbol{e}\boldsymbol{e}^{\mathrm{T}}\boldsymbol{W}^{-1}\boldsymbol{G}}{M}\right\}=E\left\{\frac{\boldsymbol{G}^{\mathrm{T}}\boldsymbol{W}^{-1}\boldsymbol{e}\boldsymbol{e}^{\mathrm{T}}\boldsymbol{W}^{-1}\boldsymbol{G}}{M}\right\} \tag{8.81}$$

使用小噪声近似，从而得到

$$\begin{aligned}\operatorname{plim}\left\{\frac{\boldsymbol{G}^{\mathrm{T}}\boldsymbol{W}^{-1}\boldsymbol{e}\boldsymbol{e}^{\mathrm{T}}\boldsymbol{W}^{-1}\boldsymbol{G}}{M}\right\} &\approx \boldsymbol{F}_{\circ}^{\mathrm{T}}\boldsymbol{W}_{\circ}^{-1}E\left\{\frac{\boldsymbol{e}\boldsymbol{e}^{\mathrm{T}}}{M}\right\}\boldsymbol{W}_{\circ}^{-1}F_{\circ} \\ &\approx \frac{\boldsymbol{F}_{\circ}^{\mathrm{T}}\boldsymbol{W}_{\circ}^{-1}\boldsymbol{W}_{\circ}\boldsymbol{W}_{\circ}^{-1}\boldsymbol{F}_{\circ}}{M} \\ &\approx \frac{\boldsymbol{F}_{\circ}^{\mathrm{T}}\boldsymbol{W}_{\circ}^{-1}\boldsymbol{F}_{\circ}}{M}\end{aligned} \tag{8.82}$$

将式(8.79)、式(8.80)和式(8.82)代入式(8.73)中，当 $M \rightarrow \infty$ 时，可得到 WIVE 的渐近误差协方差为

$$\boldsymbol{C}_{\mathrm{WIVE}} \approx (\boldsymbol{F}_{\circ}^{\mathrm{T}}\boldsymbol{W}_{\circ}^{-1}\boldsymbol{F}_{\circ})^{-1} \tag{8.83}$$

由于在 8.11 节（附录 A）中已证明：

$$\boldsymbol{F}_{\mathrm{o}}^{\mathrm{T}}\boldsymbol{W}_{\mathrm{o}}^{-1}\boldsymbol{F}_{\mathrm{o}}=\boldsymbol{J}_{\mathrm{o}}^{\mathrm{T}}\boldsymbol{K}^{-1}\boldsymbol{J}_{\mathrm{o}}, \tag{8.84}$$

因此,有

$$\boldsymbol{C}_{\mathrm{WIVE}}\approx(\boldsymbol{J}_{\mathrm{o}}^{\mathrm{T}}\boldsymbol{K}^{-1}\boldsymbol{J}_{\mathrm{o}})^{-1} \tag{8.85a}$$

$$\approx\boldsymbol{C}_{\xi} \tag{8.85b}$$

此即证明了在小测量噪声假设下,WIVE 的渐近有效性。

第 8.11 节(附录 C)还表明,这里考虑的 TMA 问题的 CRLB 与 TDOA/FDOA 参考接收站的选择无关。因此,WIVE 的渐近性能与参考接收站的选择无关。

8.8 运算复杂度

表 8.1 总结了 PLE、BC - PLE、WIVE 和 MLE 的高斯-牛顿法的运算复杂度。复杂性分析排除了预运算量,包括 $\frac{1}{\|\boldsymbol{r}_{i1}\|}$, $\frac{-\|\boldsymbol{r}_{i1}\|^2}{2}$, $\frac{\boldsymbol{r}_{i1}^{\mathrm{T}}\boldsymbol{M}_k}{\|\boldsymbol{r}_{i1}\|}$, $\frac{\boldsymbol{r}_{i1}^{\mathrm{T}}\boldsymbol{r}_i}{\|\boldsymbol{r}_{i1}\|}$。对于乘法运算,表 8.1 中只列出了取决于 M 的复杂项,相比于 M 值而言,其他项可忽略不计。表 8.1 说明了“闭式”算法(即 PLE、BCPLE 和 WIVE)的运算效率要优于迭代 MLE 算法,迭代 MLE 因其迭代性导致运算量较大。

表 8.1　运算复杂度的比较

算法名称	乘法运算	除法运算	开方运算	求逆运算①	求逆运算②
PLE 算法	$M(74N-50)$	—	—	—	1
BCPLE 算法	$M(105N-65)$	—	MN	—	1
WIVE 算法	$M(39N^2+137N-99)$	—	$2MN$	M	2
高斯-牛顿算法③	$M(36N^2+29N-24)i_{\mathrm{GN}}+M(105N-65)$	MNi_{GN}	$MN(i_{\mathrm{GN}}+1)$	MNi_{GN}	$i_{\mathrm{GN}}+1$

注:① 求逆运算 1 代表 $(3N-2)\times(3N-2)$ 矩阵求逆;
② 求逆运算 2 代表 4×4 矩阵求逆;
③ 高斯-牛顿算法被初始化为 BCPLE,并在 i_{GN} 次迭代后停止。该算法的复杂度还包括其初始化运算。

8.9 算法性能和比较

图 8.2 描述了一个模拟 TMA 仿真场景,其中 4 个接收站分别位于 $\boldsymbol{r}_1=[0,0]^{\mathrm{T}}$, $\boldsymbol{r}_2=[300,200]^{\mathrm{T}}$, $\boldsymbol{r}_3=[0,400]^{\mathrm{T}}$, $\boldsymbol{r}_4=[-100,300]^{\mathrm{T}}$ m。目标以 $\boldsymbol{v}_0=[10,5]^{\mathrm{T}}$ (单位:m/s)的速度匀速运动。初始目标位置设置为 $\boldsymbol{p}_0=[300,500]^{\mathrm{T}}$ m。

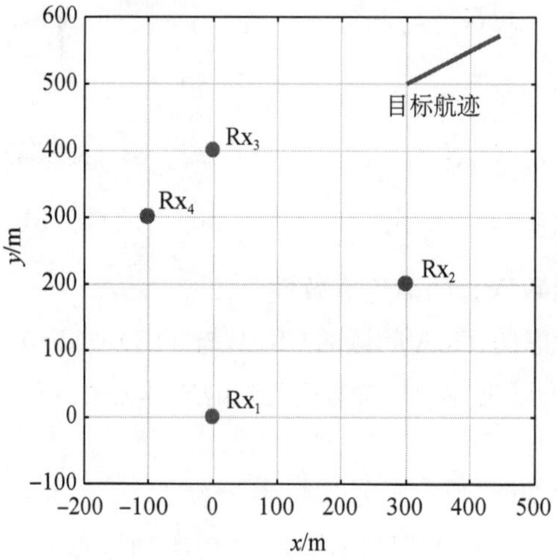

图 8.2　模拟 TMA 仿真

接收站在 $t_k=\dfrac{kT}{M-1}$ 时刻产生测量值，$k=0$，…，$M-1$，且有 $T=14.5\,\text{s}$，$M=30$。假设测量噪声随时间具有恒定的协方差，即有 $\boldsymbol{K}_0=\boldsymbol{K}_1=\cdots=\boldsymbol{K}_{M-1}$。假设 AOA 噪声方差在不同的接收站之间是相等的，即有 $\sigma^2_{\theta_{1,k}}=\cdots=\sigma^2_{\theta_{N,k}}=\sigma^2_\theta$。在该仿真中，我们假设 TDOA 噪声和 FDOA 噪声是不相关的，即 $\boldsymbol{K}_{\varepsilon\varrho,k}=\boldsymbol{0}$。在具有平稳高斯信号的声学应用场合中，TDOA 噪声与 FDOA 噪声渐近不相关，当信号的时间带宽积足够大，且信噪比足够高时，用于联合 TDOA/FDOA 估计的 CRLB 矩阵在相对宽松条件下具有块对角形式[104-106]。值得注意的是，本章介绍的算法也适用于 TDOA 和 FDOA 噪声相关的情况，即 $\boldsymbol{K}_{\varepsilon\varrho,k}\neq\boldsymbol{0}$。例如，TDOA 噪声和 FDOA 噪声之间的强相关性存在于确定性、非平稳、非高斯信号情况下，如雷达常用的线性调频信号[105-106]。根据文献[107]，将 TDOA 噪声协方差矩阵 $\boldsymbol{K}_{\varepsilon\varepsilon,k}$ 建模为

$$\boldsymbol{K}_{\varepsilon\varepsilon,k}=\sigma_\varepsilon^2\boldsymbol{I}_{(M-1)\times(M-1)}+\sigma_\varepsilon^2\boldsymbol{1}_{(M-1)\times(M-1)} \tag{8.86}$$

FDOA 噪声协方差矩阵 $\boldsymbol{K}_{\varrho\varrho,k}$ 为

$$\boldsymbol{K}_{\varrho\varrho,k}=\sigma_\varrho^2\,\boldsymbol{I}_{(M-1)\times(M-1)}+\sigma^2\boldsymbol{1}_{(M-1)\times(M-1)} \tag{8.87}$$

在仿真中，采用高斯-牛顿算法来实现 MLE，并使用 $\hat{\boldsymbol{\xi}}_{\text{BCPLE}}$（BCPLE 估计值）作为问题的初始解。高斯-牛顿算法在迭代 10 次后终止。

使用偏差范数、RMSE 和 CRLB 进行性能比较。位置估计的偏差范数和 RMSE 通过蒙特卡罗仿真获得，使用下式定义：

$$\text{Biasnorm}_{\text{pos}}=\left\|\frac{1}{N_{\text{MC}}}\sum_{l=1}^{N_{\text{MC}}}(\hat{\boldsymbol{p}}_0^{(l)}-\boldsymbol{p}_0)\right\|, \tag{8.88a}$$

$$\text{RMSE}_{\text{pos}}=\left(\frac{1}{N_{\text{MC}}}\sum_{l=1}^{N_{\text{MC}}}\|\hat{\boldsymbol{p}}_0^{(l)}-\boldsymbol{p}_0\|^2\right)^{\frac{1}{2}} \tag{8.88b}$$

式中，$\hat{\boldsymbol{p}}_0^{(l)}=[\hat{\boldsymbol{\xi}}^{(l)}(1),\ \hat{\boldsymbol{\xi}}^{(l)}(2)]^{\text{T}}$ 是目标运动参数估计的位置分量，$\hat{\boldsymbol{\xi}}^{(l)}$ 在第 l 轮

蒙特卡罗运行中获得，且蒙特卡罗运行总次数为 $N_{\mathrm{MC}}=50\,000$。类似地，速度估计的偏差范数和 RMSE 定义为

$$\mathrm{Biasnorm}_{\mathrm{vel}}=\left\|\frac{1}{N_{\mathrm{MC}}}\sum_{l=1}^{N_{\mathrm{MC}}}(\hat{\boldsymbol{v}}_0^{(l)}-\boldsymbol{v}_0)\right\|, \tag{8.89a}$$

$$\mathrm{RMSE}_{\mathrm{vel}}=\left(\frac{1}{N_{\mathrm{MC}}}\sum_{l=1}^{N_{\mathrm{MC}}}\|\hat{\boldsymbol{v}}_0^{(l)}-\boldsymbol{v}_0\|^2\right)^{\frac{1}{2}} \tag{8.89b}$$

式中，$\hat{\boldsymbol{v}}_0^{(l)}=[\hat{\boldsymbol{\xi}}^{(l)}(3),\hat{\boldsymbol{\xi}}^{(l)}(4)]^{\mathrm{T}}$ 是 $\hat{\boldsymbol{\xi}}^{(l)}$ 的速度分量，位置估计的 RMSE 下界由 CRLB 矩阵 $\boldsymbol{C}_{\xi}$ 的前两个对角元素之和的平方根给出，而速度估计的 RMSE 下界由 $\boldsymbol{C}_{\xi}$ 的后两个对角元素之和的平方根给出。这些边界条件用来作为算法 RMSE 性能的基准。

8.9.1　仿真示例 1

图 8.3 比较了 PLE、BCPLE、WIVE 和 MLE 在表 8.2 中列出的各种噪声电平下的偏差范数和 RMSE 性能。结果证实了 PLE 算法存在严重偏差问题，这

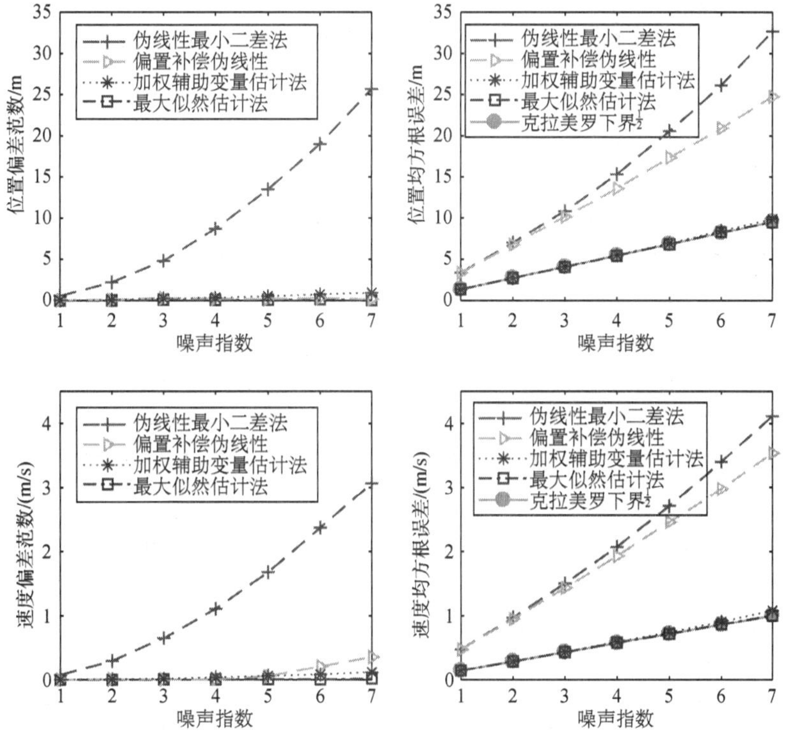

图 8.3　仿真示例 1 中 PLE、BCPLE、WIVE 和 MLE 偏差范数和 RMSE 与表 8.2 中的噪声标准偏差

又反过来导致 PLE 的 RMSE 性能不佳。由于偏差估计和瞬时偏差的去除，BCPLE 算法表现出比 PLE 小得多的偏差。然而，BCPLE 的 RMSE 性能只略好于 PLE。另一方面，WIVE 不仅可以生成几乎无偏的估计，而且其 RMSE 性能接近 CRLB，从而证明了 WIVE 算法相对于 PLE 和 BCPLE 的性能优势。值得注意的是，尽管 MLE 算法展示了与 WIVE 算法相当的性能水平，但前者在运算量上比后者更高。

表 8.2　示例 1 中的噪声电平大小

噪声索引号	1	2	3	4	5	6	7
$\sigma_\theta/(°)$	1	2	3	4	5	6	7
$\sigma_\varepsilon/\mathrm{m}$	2.5	5	7.5	10	12.5	15	17.5
$\sigma_\varrho/(\mathrm{m/s})$	1	0.2	0.3	0.4	0.5	0.6	0.7

8.9.2　仿真示例 2(大噪声背景下的到达时间差)

我们现在考虑在大噪声背景下 TDOA 的另一模拟场景。本示例中使用的测量噪声标准偏差列于表 8.3 中。图 8.4 显示了这种情况下各算法的偏差范数和 RMSE 性能。与前面的示例类似，PLE 算法在偏差和 RMSE 方面的性能较差。重要的是，在这种大噪声的背景下，可观察到 BCPLE 表现出显著偏差，其随着噪声电平的增加而迅速增加。原因是 BCPLE 依赖于 PLE 的瞬时偏差估计，该估计值在大噪声电平下变得不太精确。相比之下，WIVE 和 MLE 则表现良好，即使在大噪声背景下几乎没有偏差，同时接近 CRLB。

表 8.3　在示例 2 中使用的噪声电平大小

噪声索引	1	2	3	4	5	6	7
σ_θ /(°)	1	2	3	4	5	6	7
σ_ε /m	30	35	40	45	50	55	60
$\sigma_{\widetilde{n}}$ /(m/s)	0.1	0.2	0.3	0.4	0.5	0.6	0.7

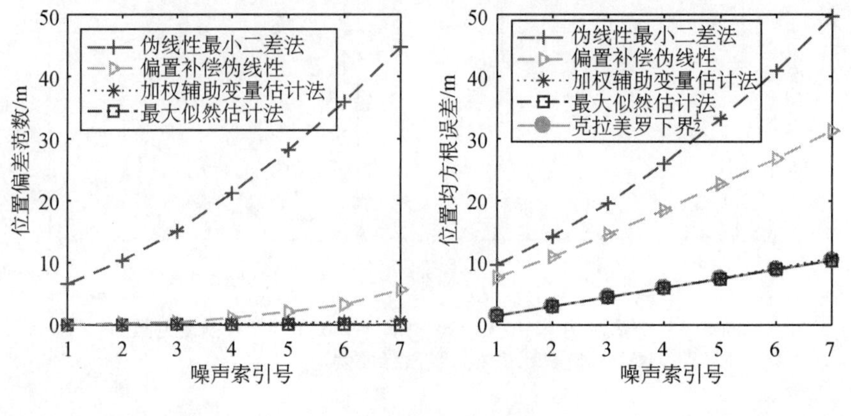

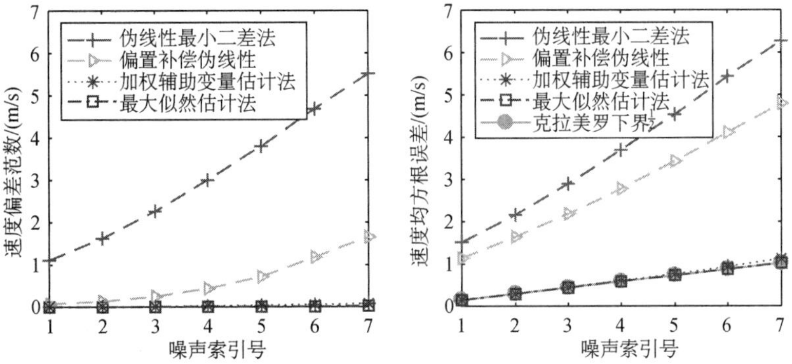

图 8.4　仿真示例 2 中 PLE、BCPLE、WIVE 和 MLE 的偏差范数和 RMSE 与表 8.3 中的噪声标准差

图 8.5 给出了当噪声索引号为 6 时，偏差范数和 RMSE 与 M 的关系。这里可进行与图 8.4 类似的观察，再次证实 WIVE 的性能优势。从图 8.5 中还可以

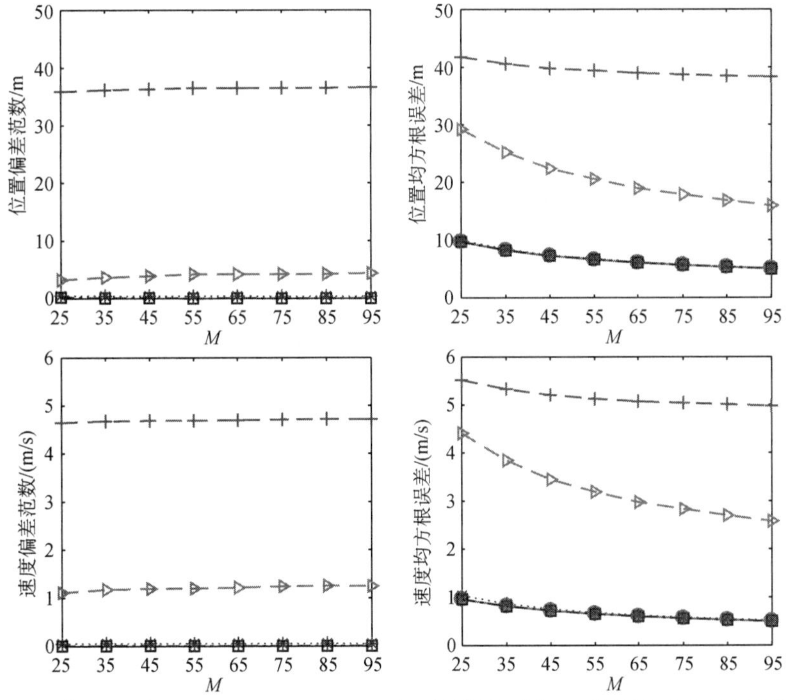

图 8.5　当 $\sigma_\theta=6°$，$\sigma_\varepsilon=55\,\mathrm{m}$，$\sigma_\theta=0.6\,\mathrm{m/s}$ 时(图例与图 8.3 和图 8.4 中的相同)，偏置范数和 RMSE 性能与 M 之间的关系)

这里，观测间隔长度保持不变($T=14.5$ s)，通过减小相应的时间步长 $\Delta_T=t_{k+1}-t_k=\dfrac{T}{M-1}$，从而增加了 M 值

看出，正如预期的那样，随着 M 的增加，我们获得了更好的 RMSE 性能，因为有更多的测量值可用。然而，获得更多的测量值是以增加运算复杂度为代价的。

8.10 小结

本章研究了运用 AOA、TDOA 和 FDOA 测量数据解决无源多基地雷达的 TMA 问题。提出了 4 种批估计算法，即 PLE、BCPLE、WIVE 和 MLE。MLE 算法因其迭代特性而对运算要求较高，与之相比，PLE，BCPLE 和 WIVE 算法具有闭式解形式，从而具备稳定性和计算优势。由于测量矩阵和伪线性噪声向量之间的相关性，PLE 算法有严重的偏差性问题。BCPLE 算法通过估计和消去 PLE 瞬时偏差值来减小 PLE 的偏差量。BCPLE 估计可整合到 WIVE 算法中，从而得到渐近无偏估计的目标运动参数。协方差理论分析表明，在小测量噪声的假设条件下，WIVE 算法是渐近有效的。数值仿真示例验证了 WIVE 的性能优点，通过仿真可以观察到 WIVE 算法在 RMSE 达到 CRLB 时，可以得到几乎无偏的估计量。

8.11 附录

附录 A

本附录证明：$\boldsymbol{F}_{\circ}^{\mathrm{T}}\boldsymbol{W}_{\circ}^{-1}\boldsymbol{F}_{\circ}=\boldsymbol{J}_{\circ}^{\mathrm{T}}\boldsymbol{K}^{-1}\boldsymbol{J}$。为此，引入 $\boldsymbol{e}$ 相对于 $\boldsymbol{\eta}$ 的雅可比矩阵（表示为 $\boldsymbol{V}=\dfrac{\partial \boldsymbol{e}}{\partial \boldsymbol{\eta}}$）：

$$\boldsymbol{V}=\operatorname{diag}(\boldsymbol{V}_0,\ \boldsymbol{V}_1,\ \cdots,\ \boldsymbol{V}_{M-1}) \tag{8.90}$$

式中，

$$\boldsymbol{V}_k=[\boldsymbol{V}_{\boldsymbol{\theta},k}^{\mathrm{T}},\ \boldsymbol{V}_{\boldsymbol{\gamma},k}^{\mathrm{T}},\ \boldsymbol{V}_{\boldsymbol{\zeta},k}^{\mathrm{T}}]^{\mathrm{T}} \tag{8.91}$$

矩阵 $\boldsymbol{V}_k$ 的特点为

$$\boldsymbol{V}_{\boldsymbol{\theta},k}=[\mathfrak{A}_k,\ \boldsymbol{0}_{(N-1)\times(N-1)},\ \boldsymbol{0}_{(N-1)\times(N-1)}], \tag{8.92a}$$

$$\boldsymbol{V}_{\boldsymbol{\gamma},k}=[\boldsymbol{0}_{(N-1)\times 1},\mathfrak{B}_k,\ \mathfrak{C}_k,\ \boldsymbol{0}_{(N-1)\times(N-1)}], \tag{8.92b}$$

$$\boldsymbol{V}_{\boldsymbol{\zeta},k}=[\mathfrak{D}_k,\ \mathfrak{E}_k,\ \boldsymbol{0}_{(N-1)\times(N-1)},\ -\boldsymbol{I}_{(N-1)\times(N-1)}] \tag{8.92c}$$

有

$$\mathfrak{A}_k=\operatorname{diag}(\cdots,\ \|\boldsymbol{d}_{i,k}\|,\ \cdots)_{i=1,\ \cdots,\ N}, \tag{8.93a}$$

$$\mathfrak{B}_k = \mathrm{diag}\left(\cdots,\ \frac{\|\boldsymbol{d}_{i,k}\|(\|\boldsymbol{d}_{i,k}\| - \|\boldsymbol{d}_{1,k}\|)}{\|\boldsymbol{r}_{i1}\|}\sin(\theta_{i,k} - \theta_{i1}),\ \cdots\right)_{i=2,\cdots,N}, \tag{8.93b}$$

$$\mathfrak{C}_k = \mathrm{diag}\left(\cdots,\ \frac{\|\boldsymbol{d}_{1,k}\|}{\|\boldsymbol{r}_{i1}\|}\cos(\theta_{i,k} - \theta_{i1}),\ \cdots\right)_{i=1,\cdots,N}, \tag{8.93c}$$

$$\mathfrak{D}_k = -(v_{y,k}\cos\theta_{1,k} - v_{x,k}\sin\theta_{1,k}) \times \mathbf{1}_{(N-1)\times 1}, \tag{8.93d}$$

$$\mathfrak{E}_k = \mathrm{diag}(\cdots,\ v_{y,k}\cos\theta_{i,k} - v_{x,k}\sin\theta_{i,k},\ \cdots)_{i=2,\cdots,N} \tag{8.93e}$$

通过一定的代数运算，可以直接证明 $\boldsymbol{F}_{\circ,k} = -\boldsymbol{V}_k\boldsymbol{J}_{\circ,k}$ 和 $\boldsymbol{W}_k = \boldsymbol{V}_k\boldsymbol{K}_k\boldsymbol{V}_k^{\mathrm{T}}$，$k = 0, \cdots, M-1$。其中，$\boldsymbol{F}_{\circ,k}$ 和 $\boldsymbol{J}_{\circ,k}$ 分别是式(8.42)的 $\boldsymbol{F}_k$ 和式(8.23)中的 $\boldsymbol{J}_k$ 的无附加噪声的量，是真实目标运动参数矢量 $\boldsymbol{\xi}$ 的函数。因此，我们有 $\boldsymbol{F}_\circ = -\boldsymbol{V}\boldsymbol{J}_\circ$ 和 $\boldsymbol{W}_\circ = \boldsymbol{V}\boldsymbol{K}\boldsymbol{V}^{\mathrm{T}}$，其中隐含着如下关系式：

$$\begin{aligned}\boldsymbol{J}_\circ^{\mathrm{T}}\boldsymbol{K}^{-1}\boldsymbol{J}_\circ &= \boldsymbol{J}_\circ^{\mathrm{T}}\boldsymbol{V}^{\mathrm{T}}(\boldsymbol{V}^{\mathrm{T}})^{-1}\boldsymbol{K}^{-1}\boldsymbol{V}^{-1}\boldsymbol{V}\boldsymbol{J}_\circ \\ &= (\boldsymbol{V}\boldsymbol{J}_\circ)^{\mathrm{T}}(\boldsymbol{V}\boldsymbol{K}\boldsymbol{V}^{\mathrm{T}})^{-1}(\boldsymbol{V}\boldsymbol{J}_\circ) \\ &= \boldsymbol{F}_\circ^{\mathrm{T}}\boldsymbol{W}_\circ^{-1}\boldsymbol{F}_\circ\end{aligned} \tag{8.94}$$

附录 B

由式(8.37)，有

$$e_{\gamma_{i1,k}} = \boldsymbol{F}_{\gamma_{i1,k}}\boldsymbol{\xi} - \boldsymbol{b}_{\gamma_{i1,k}} \tag{8.95}$$

将 $\tilde{\gamma}_{i1,k} = \gamma_{i1,k} + \varepsilon_{i1,k}$，$\tilde{\theta}_{i,k} = \theta_{i,k} + n_{i,k}$ 代入式(8.95)中，并利用式(8.36)，得到 $e_{\gamma_{i1,k}}$ 的精确表达式：

$$\begin{aligned}e_{\gamma_{i1,k}} = {}& \frac{\|\boldsymbol{d}_{1,k}\|}{\|\boldsymbol{r}_{i1}\|}\cos(\theta_{i,k} - \theta_{i1})\varepsilon_{i1,k} + \frac{\|\boldsymbol{d}_{i,k}\|(\|\boldsymbol{d}_{i,k}\| - \|\boldsymbol{d}_{1,k}\|)}{\|\boldsymbol{r}_{i1}\|}\sin(\theta_{i,k} - \theta_{i1})n_{i,k} \\ & - \frac{\cos(\theta_{i,k} - \theta_{i1})}{2\|\boldsymbol{r}_{i1}\|}\varepsilon_{i1,k}^2 + \frac{2\|\boldsymbol{d}_{i,k}\|(\|\boldsymbol{d}_{i,k}\| - \|\boldsymbol{d}_{1,k}\|)}{\|\boldsymbol{r}_{i1}\|} \\ & \times \cos(\theta_{i,k} - \theta_{i1})\sin^2\left(\frac{n_{i,k}}{2}\right) + \left[\frac{2(\|\boldsymbol{d}_{i,k}\| - \|\boldsymbol{d}_{1,k}\|)\varepsilon_{i1,k} + \varepsilon_{i1,k}^2}{\|\boldsymbol{r}_{i1}\|}\right] \\ & \times \left[\frac{1}{2}\sin(\theta_{i,k} - \theta_{i1})\sin n_{i,k} + \cos(\theta_{i,k} - \theta_{i1})\sin^2\left(\frac{n_{i,k}}{2}\right)\right]\end{aligned} \tag{8.96}$$

类似地，由式(8.40)，有

$$e_{\zeta_{i1,k}} = \boldsymbol{F}_{\zeta_{i1,k}}\boldsymbol{\xi} - b_{\zeta_{i1,k}} \tag{8.97}$$

将 $\tilde{\zeta}_{i1,k}=\zeta_{i1,k}+\varrho_{i1,k}$，$\tilde{\theta}_{i,k}=\theta_{i,k}+n_{i,k}$ 和 $\tilde{\theta}_{1,k}=\theta_{1,k}+n_{1,k}$ 代入式(8.97)中，利用式(8.39)，可以将 $e_{\zeta_{i1,k}}$ 表示为

$$\begin{aligned}e_{\zeta_{i1,k}}=&(v_{y,k}\cos\theta_{i,k}-v_{x,k}\sin\theta_{i,k})\sin n_{i,k}-(v_{y,k}\cos\theta_{1,k}-v_{x,k}\sin\theta_{1,k})\sin n_{1,k}\\&-\varrho_{i1,k}-2(v_{x,k}\cos\theta_{i,k}+v_{y,k}\sin\theta_{i,k})\sin^2\left(\frac{n_{i,k}}{2}\right)+2(v_{x,k}\cos\theta_{1,k}\\&+v_{y,k}\sin\theta_{1,k})\sin^2\left(\frac{n_{1,k}}{2}\right)\end{aligned}\tag{8.98}$$

附录 C

根据式(8.23)和式(8.26)，CRLB 可以表示为

$$\boldsymbol{C}_{\boldsymbol{\xi}}^{-1}=\boldsymbol{J}_{\mathrm{o}}^{\mathrm{T}}\boldsymbol{K}^{-1}\boldsymbol{J}_{\mathrm{o}}=\sum_{k=0}^{M-1}\boldsymbol{J}_{\mathrm{o},k}^{\mathrm{T}}\boldsymbol{K}_k^{-1}\boldsymbol{J}_{\mathrm{o},k}\tag{8.99}$$

式中，$\boldsymbol{J}_{\mathrm{o},k}$ 是式(8.23)中 $\boldsymbol{J}_k$ 的无噪声量，它是 $\boldsymbol{\xi}$ 的真值函数。可以根据 AOA 和 TDOA/FDOA 分量将 $\boldsymbol{J}_{\mathrm{o},k}$ 和 $\boldsymbol{K}_k$ 明确表示为

$$\boldsymbol{J}_{\mathrm{o},k}=\begin{bmatrix}\boldsymbol{J}_{\mathrm{o},k}^{\mathrm{AOA}}\\\boldsymbol{J}_{\mathrm{o},k}^{\mathrm{TDOA/FDOA}}\end{bmatrix},\ \boldsymbol{K}_k=\begin{bmatrix}\boldsymbol{K}_k^{\mathrm{AOA}}&\boldsymbol{0}\\\boldsymbol{0}&\boldsymbol{K}_k^{\mathrm{TDOA/FDOA}}\end{bmatrix}$$

因此，式(8.99)变为

$$\boldsymbol{C}_{\boldsymbol{\xi}}^{-1}=\sum_{k=0}^{M-1}(\boldsymbol{J}_{\mathrm{o},k}^{\mathrm{AOA}})^{\mathrm{T}}(\boldsymbol{K}_k^{\mathrm{AOA}})^{-1}\boldsymbol{J}_{\mathrm{o},k}^{\mathrm{AOA}}+\sum_{k=0}^{M-1}(\boldsymbol{J}_{0,k}^{\mathrm{TDOA/FDOA}})^{\mathrm{T}}(\boldsymbol{K}_k^{\mathrm{TDOA/FDOA}})^{-1}\boldsymbol{J}_{\mathrm{o},k}^{\mathrm{TDOA/FDOA}}\tag{8.100}$$

由于 TDOA/FDOA 参考接收站的选择不影响式(8.100)右侧的第二项[86]。因此 CRLB 矩阵 $\boldsymbol{C}_{\xi}$ 与 TDOA/FDOA 参考接收站的选择无关。

第 9 章

基于到达时差测量的多基地雷达目标定位的闭合解

9.1 引言

在本章中，我们考虑采用无源多基地雷达系统收集 TDOA 测量值进行目标定位的问题。雷达与目标的几何构型如图 9.1 所示。雷达系统由位于 $\boldsymbol{r}_i$ 处的 N 个接收站组成，$i=1, 2, \cdots, N$。所考虑的目标定位问题是利用目标到达各站的雷达信号的 TDOA 测量值来估计目标位置 $\boldsymbol{p}$。值得注意的是，$\boldsymbol{r}_i$ 和 $\boldsymbol{p}$ 是笛卡儿坐标下的 $D\times 1$ 维列向量，其中 $D=2$ 或 $D=3$ 是空间维度。

第 i 个接收站与第 1 个接收站之间的 TDOA 测量值由下式给出：

$$\tilde{d}_{i1}=d_{i1}+n_{i1},\ i=2,\ 3,\ \cdots,\ N \tag{9.1}$$

式中，d_{i1} 是 TDOA 真值，n_{i1} 是测量噪声。d_{i1} 与目标位置 $\boldsymbol{p}$ 和接收站位置 $\boldsymbol{r}_i$ 和 $\boldsymbol{r}_1$ 的关系为

$$d_{i1}=d_i-d_1=\|\boldsymbol{p}-\boldsymbol{r}_i\|-\|\boldsymbol{p}-\boldsymbol{r}_1\| \tag{9.2}$$

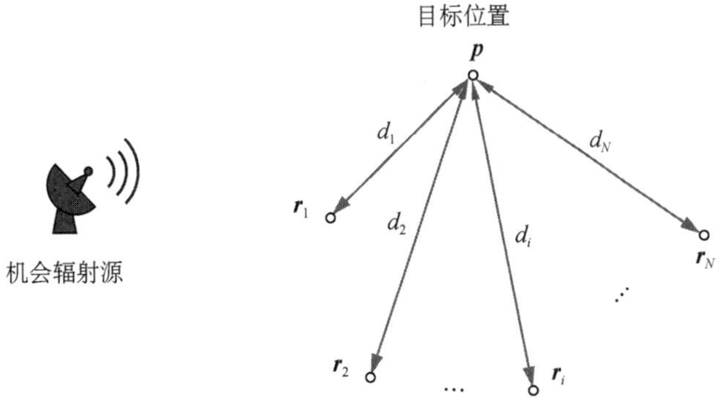

图 9.1　采用 TDOA 进行测量的无源多基地雷达系统的目标定位几何部署关系

这里，我们已经通过信号传播速度 c 对 TDOA 方程进行了归一化处理。虽然可以经由任意 $N-1$ 个接收站组合配对的非冗余集合来获得 TDOA 测量值，但是通常的做法是使用固定接收站作为参考接收站(例如这里将接收站 1 作为参考接收站)。

对 $i=2, 3, \cdots, N$，联立 $N-1$ 个 TDOA 测量值从而得到

$$\tilde{\boldsymbol{d}}=\boldsymbol{d}+\boldsymbol{n} \tag{9.3}$$

式中，

$$\tilde{\boldsymbol{d}}=[\tilde{d}_{21}, \tilde{d}_{31}, \cdots, \tilde{d}_{N1}]^{\mathrm{T}}, \tag{9.4a}$$

$$\boldsymbol{d}=[d_{21}, d_{31}, \cdots, d_{N1}]^{\mathrm{T}}, \tag{9.4b}$$

$$\boldsymbol{n}=[n_{21}, n_{31}, \cdots, n_{N1}]^{\mathrm{T}} \tag{9.4c}$$

噪声向量 $\boldsymbol{n}$ 采用均值为零、协方差矩阵为 $\boldsymbol{Q}$ 的高斯白噪声进行建模。在本章中，我们假定 $\boldsymbol{Q}$ 的精确表达式是未知的，但其是已知先验信息，这在实际中是常见的情况。例如，具有相同 SNR(信噪比)的各接收站之间的噪声是不相关的，$\boldsymbol{Q}$ 与 $\boldsymbol{I}+\boldsymbol{1}$ 成正比[108]。

TDOA 定位问题可以直观地看作是寻找由 TDOA 测量值所定义的双曲面的交点。在文献中已经提出了许多与 TDOA 有关的定位技术。这些技术可大致分为三大类：

① 极大似然估计法[74]。

② 双曲面渐近线的交点法[109-111]。

③ 线性最小二乘参数约束法[69,108,112-115]。

第一种方法基于最大似然原理，是一种用于解决非线性估计问题的普遍技术。虽然极大似然估计是渐近无偏和有效的，但它并非一个封闭形式的解，其解法必须通过数值搜索算法获得，而该算法的计算量偏大。由于最大似然代价函数的非凸性，极大似然估计的结果可收敛到局部极小值或呈发散性。此外，作为非线性估计，LMS 极易受门限影响。

第二种方法利用 TDOA 双曲面渐近线交点集求解，其解具有封闭形式。实际上，使用双曲面渐近线方法，TDOA 定位问题被重新表述为一个新的 AOA 定位问题，从而可采用具有封闭形式的伪线性技术来有效解决该问题。然而这种方法最初是针对二维空间中的 TDOA 目标定位问题推导得出的，且不能直接扩

展到三维空间。

第三种方法是使用带参数约束的线性化最小二乘法，它也提供了封闭形式的解，更重要的是适用于二维和三维情形，是可替代上述解法的一种有吸引力的方法，且将是本章的研究重点。该方法的主要思想是通过引入冗余参数，将非线性 TDOA 的测量方程通过代数重排的方式变换为一组与目标位置有关的线性方程。这使得能够使用线性最小二乘法对目标位置进行估计。在文献[108]中推导出的三阶解法是此类算法中最主流的解法之一。为提高线性最小二乘解的精度，该解法还考虑了冗余参数和目标位置之间的相关性问题。但是，将非线性 TDOA 测量方程变换为一组关于未知变量的线性方程组，会导致线性方程中的测量矩阵受伪线性噪声向量影响。其结果就是在三阶解法中产生了估计偏差[114]。为了克服这一偏差，目前已提出了多个解决方案。文献[112]的工作是将未知变量的约束条件直接合并到最小二乘法的最小化处理中，但需要进行数值搜索。文献[115]中利用总体最小二乘法（TLS）来处理测量矩阵与伪线性噪声向量之间的相关性，然而这种技术产生的误差协方差，比文献[108]中提出的三阶解法更大。最新提出了两种减小偏差的方法：具有二次约束的增广解[114]和基于辅助变量的解[116]。这两种方法都能够通过接近估计的方式得到 CRLB，在均方误差方面保持最优性能的同时，还能显著降低偏差。基于辅助变量的解决方法与增广解方法相比，其优点在于运算相对简单一些。

9.2　极大似然估计与克拉美罗下界

假设在高斯噪声的条件下，测量向量 $\tilde{\boldsymbol{d}}$ 的似然函数是多元高斯概率密度函数：

$$L(\tilde{d} \mid p)=\frac{1}{(2\pi)^{\frac{(N-1)}{2}}\ |\boldsymbol{Q}|^{\frac{1}{2}}}\exp\left\{-\frac{1}{2}[\tilde{d}-\boldsymbol{d}(\boldsymbol{p})]^{\mathrm{T}}\boldsymbol{Q}^{-1}[\tilde{\boldsymbol{d}}-\boldsymbol{d}(\boldsymbol{p})]\right\} \tag{9.5}$$

注意，式中 $\boldsymbol{d}(\boldsymbol{p})$ 被明确地表示为 $\boldsymbol{p}$ 的函数。

MLE 旨在求对数似然函数 $\ln L(\tilde{\boldsymbol{d}} \mid \boldsymbol{p})$ 相对于变量 $\boldsymbol{p}$ 的最大值，即相当于

$$\hat{\boldsymbol{p}}_{\mathrm{MLE}}=\underset{\boldsymbol{p}\in\mathbf{R}^{D}}{\arg\min}\, J_{\mathrm{ML}}(\boldsymbol{p}) \tag{9.6}$$

式中，目标函数 $J_{\mathrm{ML}}(\boldsymbol{p})$ 由下式给出：

$$J_{\mathrm{ML}}(\boldsymbol{p})=\frac{1}{2}[\tilde{\boldsymbol{d}}-\boldsymbol{d}(\boldsymbol{p})]^{\mathrm{T}}\boldsymbol{Q}^{-1}[\tilde{\boldsymbol{d}}-\boldsymbol{d}(\boldsymbol{p})] \tag{9.7}$$

这种求最小值的问题是一个非线性最小二乘估计问题，无法得到封闭形式的解。式(9.6)的数值解可以通过各种基于梯度或基于下降单纯形的迭代搜索算法获得，例如高斯-牛顿算法[93]、最陡下降算法[94]和 Nelder-Mead 单纯形算法[95]。最大似然估计的高斯-牛顿实现方法采用如下迭代公式：

$$\hat{\boldsymbol{p}}(j+1)=\hat{\boldsymbol{p}}(j)+[\boldsymbol{J}^{\mathrm{T}}(j)\boldsymbol{Q}^{-1}\boldsymbol{J}(j)]^{-1}\boldsymbol{J}^{\mathrm{T}}(j)\boldsymbol{Q}^{-1}[\tilde{\boldsymbol{d}}-\boldsymbol{d}(\hat{\boldsymbol{p}})],\ j=0,\ 1,\ \cdots \tag{9.8}$$

式中，$\boldsymbol{J}(j)$ 是 $\boldsymbol{d}(\boldsymbol{p})$ 关于 $\boldsymbol{p}$ 的雅可比矩阵 $\boldsymbol{J}(\boldsymbol{p})$ 在 $\boldsymbol{p}=\hat{\boldsymbol{p}}(j)$ 处的取值。雅可比矩阵作为 $\boldsymbol{p}$ 的函数形式由下式给出：

$$\boldsymbol{J}(\boldsymbol{p})=[\boldsymbol{J}_{21}^{\mathrm{T}}(\boldsymbol{p}),\ \boldsymbol{J}_{31}^{\mathrm{T}}(\boldsymbol{p}),\ \cdots,\ \boldsymbol{J}_{N1}^{\mathrm{T}}(\boldsymbol{p})]^{\mathrm{T}} \tag{9.9}$$

上式中，

$$\boldsymbol{J}_{i1}(\boldsymbol{p})=\left(\frac{\boldsymbol{p}-\boldsymbol{r}_i}{\|\boldsymbol{p}-\boldsymbol{r}_i\|}-\frac{\boldsymbol{p}-\boldsymbol{r}_1}{\|\boldsymbol{p}-\boldsymbol{r}_1\|}\right)^{\mathrm{T}} \tag{9.10}$$

尽管极大似然估计有渐近无偏性，且效率较高，然而，极大似然估计的迭代解不仅对运算要求较高，且由于最大似然成本函数的非凸性质，其结果极易发散。

针对所考虑的 TDOA 定位问题，其 CRLB 由下式给出：

$$\boldsymbol{C}_{\mathrm{CRLB}}=(\boldsymbol{J}^{\mathrm{T}}(\boldsymbol{p})\boldsymbol{Q}^{-1}\boldsymbol{J}(\boldsymbol{p}))^{-1} \tag{9.11}$$

式中，雅可比矩阵 $\boldsymbol{J}(\boldsymbol{p})$ 是根据真实目标位置 $\boldsymbol{p}$ 计算得到的。

9.3 三阶最小二乘解

得到封闭形式的解[108]包括三个阶段。第一阶段通过引入冗余参数将 TDOA 到达时差方程代数变换为线性方程，得到以目标位置和冗余参数为未知向量的线性最小二乘解。第二阶段运用目标位置和冗余参数之间的约束关系，以提高估计精度。第三阶段将第二阶段的解映射到最终目标位置估计中。

9.3.1 第一阶段

由式(9.2)，有

$$(\|\boldsymbol{p}-\boldsymbol{r}_i\|)^2=(d_{i1}+\|\boldsymbol{p}-\boldsymbol{r}_1\|)^2 \tag{9.12}$$

经过若干次代数运算后，上式变为

$$-2(\boldsymbol{r}_i-\boldsymbol{r}_1)^{\mathrm{T}}\boldsymbol{p}-2d_{i1}\|\boldsymbol{p}-\boldsymbol{r}_1\|=d_{i1}^2-\boldsymbol{r}_i^{\mathrm{T}}\boldsymbol{r}_i+\boldsymbol{r}_1^{\mathrm{T}}\boldsymbol{r}_1 \tag{9.13}$$

在式(9.13)中，用带噪声的测量值 $\tilde{d}_{i1}$ 替换 TDOA 真值 d_{i1}，从而得到

$$-2(\boldsymbol{r}_i-\boldsymbol{r}_1)^{\mathrm{T}}\boldsymbol{p}-2\tilde{d}_{i1}\|\boldsymbol{p}-\boldsymbol{r}_1\|=\tilde{d}_{i1}^2-\boldsymbol{r}_i^{\mathrm{T}}\boldsymbol{r}_i+\boldsymbol{r}_1^{\mathrm{T}}\boldsymbol{r}_1-(2\|\boldsymbol{p}-\boldsymbol{r}_i\|n_{i1}+n_{i1}^2) \tag{9.14}$$

对 $i=2,3,\cdots,N$，联立方程组得到

$$\boldsymbol{G}_1\boldsymbol{\varphi}_1=\boldsymbol{h}_1+\boldsymbol{\eta}_1 \tag{9.15}$$

式中，

$$\boldsymbol{\varphi}_1=[\boldsymbol{p}^{\mathrm{T}},\ \boldsymbol{d}_1]^{\mathrm{T}},\ d_1=\|\boldsymbol{p}-\boldsymbol{r}_1\|, \tag{9.16}$$

$$\boldsymbol{G}_1=-2\begin{bmatrix}(\boldsymbol{r}_2-\boldsymbol{r}_1)^{\mathrm{T}} & \tilde{d}_{21}\\(\boldsymbol{r}_3-\boldsymbol{r}_1)^{\mathrm{T}} & \tilde{d}_{31}\\ \vdots & \vdots\\(\boldsymbol{r}_N-\boldsymbol{r}_1)^{\mathrm{T}} & \tilde{d}_{N1}\end{bmatrix}, \tag{9.17}$$

$$\boldsymbol{h}_1=\begin{bmatrix}\tilde{d}_{21}^2-\boldsymbol{r}_2^{\mathrm{T}}\boldsymbol{r}_2+\boldsymbol{r}_1^{\mathrm{T}}\boldsymbol{r}_1\\ \tilde{d}_{31}^2-\boldsymbol{r}_3^{\mathrm{T}}\boldsymbol{r}_3+\boldsymbol{r}_1^{\mathrm{T}}\boldsymbol{r}_1\\ \vdots\\ \tilde{d}_{N1}^2-\boldsymbol{r}_N^{\mathrm{T}}\boldsymbol{r}_N+\boldsymbol{r}_1^{\mathrm{T}}\boldsymbol{r}_1\end{bmatrix}, \tag{9.18}$$

$$\boldsymbol{\eta}_1=-\begin{bmatrix}2\|\boldsymbol{p}-\boldsymbol{r}_2\|n_{21}+n_{21}^2\\ 2\|\boldsymbol{p}-\boldsymbol{r}_3\|n_{31}+n_{31}^2\\ \vdots\\ 2\|\boldsymbol{p}-\boldsymbol{r}_N\|n_{N1}+n_{N1}^2\end{bmatrix} \tag{9.19}$$

式(9.15)可以称为伪线性方程，其中 $\boldsymbol{\varphi}_1$ 是一个未知向量，由目标位置 $\boldsymbol{p}$ 和一个与 $\boldsymbol{p}$ 相关的冗余参数 d_1 组成。这里，矩阵 $\boldsymbol{G}_1$ 可以称为测量矩阵，向量 $\boldsymbol{\eta}_1$ 可以称为伪线性噪声向量。忽略式(9.19)中的二阶噪声项，$\boldsymbol{\eta}_1$ 的协方差矩阵可以近似为

$$\boldsymbol{C}_{\boldsymbol{\eta}_1}=E\{\boldsymbol{\eta}_1\boldsymbol{\eta}_1^{\mathrm{T}}\}\approx\boldsymbol{B}_1^{\circ}\boldsymbol{Q}\boldsymbol{B}_1^{\circ} \tag{9.20}$$

式中，

$$\boldsymbol{B}_1^{\circ}=2\operatorname{diag}(\|\boldsymbol{p}-\boldsymbol{r}_2\|,\ \|\boldsymbol{p}-\boldsymbol{r}_3\|,\ \cdots,\ \|\boldsymbol{p}-\boldsymbol{r}_N\|) \tag{9.21}$$

我们首先可以求解式(9.15)中的 $\boldsymbol{\varphi}_1$，然后提取 $\boldsymbol{\varphi}_1$ 中的前 D 个元素，得到 $\boldsymbol{p}$ 的估计值。在最小二乘法下求解式(9.15)，得到

$$\hat{\boldsymbol{\varphi}}_1=(\boldsymbol{G}_1^{\mathrm{T}}\boldsymbol{W}_1\boldsymbol{G}_1)^{-1}\boldsymbol{G}_1^{\mathrm{T}}\boldsymbol{W}_1\boldsymbol{h}_1 \tag{9.22}$$

理想情况下，加权矩阵 $\boldsymbol{W}_1$ 由噪声协方差矩阵 $\boldsymbol{C}_{\boldsymbol{\eta}_1}$ 的逆矩阵给出。然而，$\boldsymbol{B}_1^{\circ}$ 是未知目标位置 $\boldsymbol{p}$ 的函数，导致无法计算 $\boldsymbol{C}_{\boldsymbol{\eta}_1}$。因此，通过令 $\boldsymbol{W}_1=\boldsymbol{Q}^{-1}$，从式(9.22)计算出 $\boldsymbol{\varphi}_1$ 的初始估计值，记为 $\hat{\boldsymbol{\varphi}}_1^{\mathrm{init}}$，然后用它来近似 $\boldsymbol{B}_1^{\circ}$ 为

$$\boldsymbol{B}_1=2\operatorname{diag}[\|\hat{\boldsymbol{\varphi}}_1^{\mathrm{init}}(1:D)-\boldsymbol{r}_2\|,\ \|\hat{\boldsymbol{\varphi}}_1^{\mathrm{init}}(1:D)-\boldsymbol{r}_3\|,\ \cdots,\ \|\hat{\boldsymbol{\varphi}}_1^{\mathrm{init}}(1:D)-\boldsymbol{r}_N\|] \tag{9.23}$$

然后，用这个矩阵代入计算式(9.22)中求加权矩阵 $\boldsymbol{W}_1$：

$$\boldsymbol{W}_1=(\boldsymbol{B}_1\boldsymbol{Q}\boldsymbol{B}_1)^{-1} \tag{9.24}$$

$\hat{\boldsymbol{\varphi}}_1$ 的估计误差由下式给出：

$$\Delta\boldsymbol{\varphi}_1=\hat{\boldsymbol{\varphi}}_1-\boldsymbol{\varphi}_1 \tag{9.25a}$$

$$=(\boldsymbol{G}_1^{\mathrm{T}}\boldsymbol{W}_1\boldsymbol{G}_1)^{-1}\boldsymbol{G}_1^{\mathrm{T}}\boldsymbol{W}_1(\boldsymbol{h}_1-\boldsymbol{G}_1\boldsymbol{\varphi}_1) \tag{9.25b}$$

$$=-(\boldsymbol{G}_1^{\mathrm{T}}\boldsymbol{W}_1\boldsymbol{G}_1)^{-1}\boldsymbol{G}_1^{\mathrm{T}}\boldsymbol{W}_1\boldsymbol{\eta}_1 \tag{9.25c}$$

$$=(\boldsymbol{G}_1^{\mathrm{T}}\boldsymbol{W}_1\boldsymbol{G}_1)^{-1}\boldsymbol{G}_1^{\mathrm{T}}\boldsymbol{W}_1(\boldsymbol{B}_1^{\circ}\boldsymbol{n}+\boldsymbol{n}\odot\boldsymbol{n}) \tag{9.25d}$$

$\Delta\boldsymbol{\varphi}_1$ 的协方差矩阵可以近似为

$$\boldsymbol{C}_{\varphi_1}=E\{\Delta\boldsymbol{\varphi}_1\Delta\boldsymbol{\varphi}_1^{\mathrm{T}}\}\approx(\boldsymbol{G}_1^{\circ\mathrm{T}}\boldsymbol{W}_1^{\circ}\boldsymbol{G}_1^{\circ})^{-1} \tag{9.26}$$

这里，$\boldsymbol{G}_1^{\circ}$ 和 $\boldsymbol{W}_1^{\circ}$ 分别是 $\boldsymbol{G}_1$ 和 $\boldsymbol{W}_1$ 在不考虑噪声影响下的变量形式。

9.3.2 第二阶段

假定式(9.22)解 $\hat{\boldsymbol{\varphi}}_1$ 中的 $\boldsymbol{p}$ 和 $\boldsymbol{d}_1$ 是相互独立的。然而情况并非如此，因为 $\boldsymbol{d}_1$ 是 $\boldsymbol{p}$ 的函数。为了将 $\boldsymbol{d}_1$ 和 $\boldsymbol{p}$ 之间的关系代入估计中，可以通过从 $\hat{\boldsymbol{\varphi}}_1$ 的前 D 个元素中减去 $\boldsymbol{r}_1$ 并对相应的元素取平方，从而得到另一组线性方程，即有

$$\begin{bmatrix} \boldsymbol{I}_{D\times D} \\ \boldsymbol{1}_{1\times D} \end{bmatrix}((\boldsymbol{p}-\boldsymbol{r}_1)\odot(\boldsymbol{p}-\boldsymbol{r}_1))=\left(\boldsymbol{\varphi}_1-\begin{bmatrix} \boldsymbol{r}_1 \\ 0 \end{bmatrix}\right)\odot\left(\boldsymbol{\varphi}_1-\begin{bmatrix} \boldsymbol{r}_1 \\ 0 \end{bmatrix}\right) \tag{9.27}$$

式中，$\odot$代表元素与元素的舒尔积。用式(9.22)给出的估计值 $\hat{\boldsymbol{\varphi}}_1$ 代替 $\boldsymbol{\varphi}_1$，我们得到：

$$\begin{aligned}\begin{bmatrix} \boldsymbol{I}_{D\times D} \\ \boldsymbol{1}_{1\times D} \end{bmatrix}((\boldsymbol{p}-\boldsymbol{r}_1)\odot(\boldsymbol{p}-\boldsymbol{r}_1))&=\left(\hat{\boldsymbol{\varphi}}_1-\begin{bmatrix} \boldsymbol{r}_1 \\ 0 \end{bmatrix}\right)\odot\left(\hat{\boldsymbol{\varphi}}_1-\begin{bmatrix} \boldsymbol{r}_1 \\ 0 \end{bmatrix}\right) \\ &\quad -2\mathrm{diag}\left(\boldsymbol{\varphi}_1-\begin{bmatrix} \boldsymbol{r}_1 \\ 0 \end{bmatrix}\right)\Delta\boldsymbol{\varphi}_1-\Delta\boldsymbol{\varphi}_1\odot\Delta\boldsymbol{\varphi}_1\end{aligned} \tag{9.28}$$

其可简写为

$$\boldsymbol{G}_2\boldsymbol{\varphi}_2=\boldsymbol{h}_2+\boldsymbol{\eta}_2, \tag{9.29}$$

并有

$$\boldsymbol{\varphi}_2=(\boldsymbol{p}-\boldsymbol{r}_1)\odot(\boldsymbol{p}-\boldsymbol{r}_1), \tag{9.30}$$

$$\boldsymbol{G}_2=\begin{bmatrix} \boldsymbol{I}_{D\times D} \\ \boldsymbol{1}_{1\times D} \end{bmatrix}, \tag{9.31}$$

$$\boldsymbol{h}_2=\left(\hat{\boldsymbol{\varphi}}_1-\begin{bmatrix} \boldsymbol{r}_1 \\ 0 \end{bmatrix}\right)\odot\left(\hat{\boldsymbol{\varphi}}_1-\begin{bmatrix} \boldsymbol{r}_1 \\ 0 \end{bmatrix}\right), \tag{9.32}$$

$$\boldsymbol{\eta}_2=-2\mathrm{diag}\left(\boldsymbol{\varphi}_1-\begin{bmatrix} \boldsymbol{r}_1 \\ 0 \end{bmatrix}\right)\Delta\boldsymbol{\varphi}_1-\Delta\boldsymbol{\varphi}_1\odot\Delta\boldsymbol{\varphi}_1 \tag{9.33}$$

这里，$\boldsymbol{\eta}_2$ 是伪线性噪声项。忽略式(9.33)中的二阶噪声项，$\boldsymbol{\eta}_2$ 的协方差矩阵可以近似为

$$\boldsymbol{C}_{\boldsymbol{\eta}_2}=E\{\boldsymbol{\eta}_2\boldsymbol{\eta}_2^{\mathrm{T}}\}\approx\boldsymbol{B}_2^{\circ}\boldsymbol{C}_{\boldsymbol{\varphi}_1}\boldsymbol{B}_2^{\circ} \tag{9.34}$$

式中，

$$\boldsymbol{B}_2^{\circ}=2\cdot\mathrm{diag}\left(\boldsymbol{\varphi}_1-\begin{bmatrix} \boldsymbol{r}_1 \\ 0 \end{bmatrix}\right) \tag{9.35}$$

式(9.29)的最小二乘解按下式给出：

$$\hat{\boldsymbol{\varphi}}_2=(\boldsymbol{G}_2^{\mathrm{T}}\boldsymbol{W}_2\boldsymbol{G}_2)^{-1}\boldsymbol{G}_2^{\mathrm{T}}\boldsymbol{W}_2\boldsymbol{h}_2 \tag{9.36}$$

式中,加权矩阵为 $\boldsymbol{W}_2=\boldsymbol{C}_{\boldsymbol{\eta}_2}^{-1}$。然而, $\boldsymbol{C}_{\eta_2}$ 是无法求出的,因为它与 $\boldsymbol{B}_2^{\circ}$ 和 $\boldsymbol{C}_{\boldsymbol{\varphi}_1}$ 相关,这两个函数都是未知量 $\boldsymbol{p}$ 的函数。因此, $\boldsymbol{B}_2^{\circ}$ 的估计值记为 $\boldsymbol{B}_2$,由 $\hat{\boldsymbol{\varphi}}_1$ 计算得到：

$$\boldsymbol{B}_2=2\mathrm{diag}\left(\hat{\boldsymbol{\varphi}}_1-\begin{bmatrix}\boldsymbol{r}_1\\0\end{bmatrix}\right) \tag{9.37}$$

可利用 $\boldsymbol{G}_1$ 得到的 $\boldsymbol{C}_{\boldsymbol{\varphi}_1}$ 估计值来计算 $\boldsymbol{C}_{\boldsymbol{\eta}_2}$ 和 $\boldsymbol{W}_2$。因此,我们得到：

$$\boldsymbol{W}_2=\boldsymbol{B}_2^{-1}(\boldsymbol{G}_1^{\mathrm{T}}\boldsymbol{W}_1\boldsymbol{G}_1)\boldsymbol{B}_2^{-1} \tag{9.38}$$

$\hat{\boldsymbol{\varphi}}_2$ 的估计误差由下式给出：

$$\Delta\boldsymbol{\varphi}_2=\hat{\boldsymbol{\varphi}}_2-\boldsymbol{\varphi}_2 \tag{9.39a}$$

$$=(\boldsymbol{G}_2^{\mathrm{T}}\boldsymbol{W}_2\boldsymbol{G}_2)^{-1}\boldsymbol{G}_2^{\mathrm{T}}\boldsymbol{W}_2(\boldsymbol{h}_2-\boldsymbol{G}_2\boldsymbol{\varphi}_2) \tag{9.39b}$$

$$=-(\boldsymbol{G}_2^{\mathrm{T}}\boldsymbol{W}_2\boldsymbol{G}_2)^{-1}\boldsymbol{G}_2^{\mathrm{T}}\boldsymbol{W}_2\boldsymbol{\eta}_2 \tag{9.39c}$$

$$=(\boldsymbol{G}_2^{\mathrm{T}}\boldsymbol{W}_2\boldsymbol{G}_2)^{-1}\boldsymbol{G}_2^{\mathrm{T}}\boldsymbol{W}_2(\boldsymbol{B}_2^{\circ}\Delta\boldsymbol{\varphi}_1+\Delta\boldsymbol{\varphi}_1\odot\Delta\boldsymbol{\varphi}_1) \tag{9.39d}$$

注意, $\boldsymbol{G}_2$ 是确定性变量(其不包含任何噪声项), $\Delta\boldsymbol{\varphi}_2$ 的协方差阵由下式给出：

$$\boldsymbol{C}_{\boldsymbol{\varphi}_2}=E\{\Delta\boldsymbol{\varphi}_2\Delta\boldsymbol{\varphi}_2^{\mathrm{T}}\}\approx(\boldsymbol{G}_2^{\mathrm{T}}\boldsymbol{W}_2^{\circ}\boldsymbol{G}_2)^{-1} \tag{9.40}$$

式中, $\boldsymbol{W}_2^{\circ}$ 是在不考虑噪声影响下 $\boldsymbol{W}_2$ 的变量形式。

9.3.3 第三阶段

利用 $\hat{\boldsymbol{\varphi}}_2$ 从下式获得目标最终位置估计：

$$\hat{\boldsymbol{p}}=\Pi\sqrt{\hat{\boldsymbol{\varphi}}_2}+\boldsymbol{r}_1 \tag{9.41}$$

式中, $\Pi=\mathrm{diag}\{\mathrm{sgn}(\hat{\boldsymbol{\varphi}}_1(1:D)-\boldsymbol{r}_1)\}$, $\mathrm{sgn}(\cdot)$表示符号函数。

$\hat{\boldsymbol{p}}$ 的估计误差定义为

$$\Delta\boldsymbol{p}=\hat{\boldsymbol{p}}-\boldsymbol{p} \tag{9.42}$$

为推导出 $\Delta\boldsymbol{p}$ 的协方差矩阵，注意到

$$\Delta\boldsymbol{\varphi}_2=\hat{\boldsymbol{\varphi}}_2-\boldsymbol{\varphi}_2 \tag{9.43a}$$

$$=(\hat{\boldsymbol{p}}-\boldsymbol{r}_1)\odot(\hat{\boldsymbol{p}}-\boldsymbol{r}_1)-(\boldsymbol{p}-\boldsymbol{r}_1)\odot(\boldsymbol{p}-\boldsymbol{r}_1) \tag{9.43b}$$

$$=2\mathrm{diag}(\boldsymbol{p}-\boldsymbol{r}_1)\Delta\boldsymbol{p}+\Delta\boldsymbol{p}\odot\Delta\boldsymbol{p} \tag{9.43c}$$

忽略式(9.43)中的二阶噪声项，有

$$\boldsymbol{C}_p=E\{\Delta\boldsymbol{p}\Delta\boldsymbol{p}^{\mathrm{T}}\}\approx\boldsymbol{B}_3^{\mathrm{o}-1}\boldsymbol{C}_{\boldsymbol{\varphi}_2}\boldsymbol{B}_3^{\mathrm{o}-1} \tag{9.44}$$

式中，

$$\boldsymbol{B}_3^{\mathrm{o}}=2\mathrm{diag}(\boldsymbol{p}-\boldsymbol{r}_1) \tag{9.45}$$

式(9.44)中的误差协方差矩阵 $\boldsymbol{C}_p$ 在文献[108]中被证明等价于式(9.11)中的 CRLB 矩阵。这意味着，在小噪声条件下，式(9.41)中的目标位置估计值 $\hat{\boldsymbol{p}}$ 近似达到 CRLB，因此是有效的。

9.4　偏差分析

在前一节中涉及的三阶最小二乘解方法存在偏差性问题，测量矩阵 $\boldsymbol{G}_1$ 是根据带噪声的 TDOA 测量值计算得到的，因此与伪线性噪声向量 $\boldsymbol{\eta}_1$ 相关。具体而言，$\boldsymbol{G}_1$ 和 $\boldsymbol{\eta}_1$ 之间的相关性导致 $\hat{\boldsymbol{\varphi}}_1$ 出现偏差，该偏差随后传递到 $\hat{\boldsymbol{\varphi}}_2$ 和 $\hat{\boldsymbol{p}}$ 值。

求式(9.25)中 $\Delta\boldsymbol{\varphi}_1$ 的期望值，$\hat{\boldsymbol{\varphi}}_1$ 的偏差为[114]

$$\begin{aligned}\delta\boldsymbol{\varphi}_1=E\{\Delta\boldsymbol{\varphi}_1\}\approx&\boldsymbol{H}_1(\boldsymbol{q}+2\boldsymbol{Q}\boldsymbol{B}_1^{\mathrm{o}}\boldsymbol{H}_1(D+1,:)^{\mathrm{T}})\\&+2(\boldsymbol{G}_1^{\mathrm{oT}}\boldsymbol{W}_1^{\mathrm{o}}\boldsymbol{G}_1^{\mathrm{o}})^{-1}\begin{bmatrix}\boldsymbol{0}_{D\times1}\\\mathrm{trace}(\boldsymbol{W}_1^{\mathrm{o}}(\boldsymbol{G}_1^{\mathrm{o}}\boldsymbol{H}_1-\boldsymbol{I})\boldsymbol{B}_1^{\mathrm{o}}\boldsymbol{Q})\end{bmatrix}\end{aligned} \tag{9.46}$$

式中，

$$\boldsymbol{H}_1=(\boldsymbol{G}_1^{\mathrm{oT}}\boldsymbol{W}_1^{\mathrm{o}}\boldsymbol{G}_1^{\mathrm{o}})^{-1}\boldsymbol{G}_1^{\mathrm{oT}}\boldsymbol{W}_1^{\mathrm{o}} \tag{9.47}$$

这里，$\boldsymbol{H}_1(D+1,:)$ 是矩阵 $\boldsymbol{H}_1$ 中的最后一行，$\boldsymbol{q}$ 是包含有矩阵 $\boldsymbol{Q}$ 对角元素的一个列向量。值得注意的是，式(9.46)中的第一个偏差项 $\boldsymbol{H}_1\boldsymbol{q}$ 是由 $\boldsymbol{\eta}_1$ 中的二阶噪声项产生，而其余的偏差项则是由 $\boldsymbol{G}_1$ 和 $\boldsymbol{\eta}_1$ 之间的相关性产生的。

$\hat{\boldsymbol{\varphi}}_2$ 的偏差可通过求取式(9.39)的期望值得到，即有[114]

$$\delta\boldsymbol{\varphi}_2=E\{\Delta\boldsymbol{\varphi}_2\}\approx\boldsymbol{H}_2[\boldsymbol{c}_1+\boldsymbol{B}_2\delta\boldsymbol{\varphi}_1+\boldsymbol{W}_2^{\mathrm{o}-1}(\boldsymbol{\alpha}+\boldsymbol{\beta}+\boldsymbol{\gamma})] \tag{9.48}$$

式中，

$$\boldsymbol{H}_2 = (\boldsymbol{G}_2^{\mathrm{T}}\boldsymbol{W}_2^{\circ}\boldsymbol{G}_2)^{-1}\boldsymbol{G}_2^{\mathrm{T}}\boldsymbol{W}_2^{\circ} \tag{9.49}$$

注意，式(9.48)中的偏差表达式已经考虑了从 $\hat{\boldsymbol{\varphi}}_1$ 中计算 $\boldsymbol{W}_2$ 的误差量。式中，$\boldsymbol{c}_1$ 是一个列向量，其包含有 $\boldsymbol{C}_{\varphi_1}$ 的对角元素。$\boldsymbol{\alpha}$、$\boldsymbol{\beta}$ 和 $\boldsymbol{\gamma}$ 的表达式由文献[114]给出。

$$\boldsymbol{\alpha} = -2\boldsymbol{B}_2^{\circ-1}\left(\boldsymbol{G}_1^{\circ\mathrm{T}}\boldsymbol{W}_1^{\circ}\boldsymbol{Q}\boldsymbol{V}_a(D+1,:)^{\mathrm{T}} + \begin{bmatrix}\boldsymbol{0}_{D\times 1}\\ \mathrm{trace}(\boldsymbol{W}_1^{\circ}\boldsymbol{G}_1^{\circ}\boldsymbol{V}_a\boldsymbol{Q})\end{bmatrix}\right), \tag{9.50a}$$

$$\boldsymbol{\beta} = -2\boldsymbol{B}_2^{\circ-1}\boldsymbol{v}_b, \tag{9.50b}$$

$$\boldsymbol{\gamma} = -2\boldsymbol{W}_2^{\circ}\boldsymbol{B}_2^{\circ-1}\boldsymbol{v}_c \tag{9.50c}$$

上式中，

$$\boldsymbol{V}_a = \boldsymbol{B}_2^{\circ-1}(\boldsymbol{I} - \boldsymbol{G}_2\boldsymbol{H}_2)\boldsymbol{B}_2^{\circ}\boldsymbol{H}_1\boldsymbol{B}_1^{\circ} \tag{9.51}$$

$\boldsymbol{v}_b$，$\boldsymbol{v}_c$ 分别是由 $\boldsymbol{V}_b$ 和 $\boldsymbol{V}_c$ 中对角元素组成的列向量，其表达式由下式给出：

$$\boldsymbol{V}_b = \boldsymbol{W}_2^{\circ}(\boldsymbol{I} - \boldsymbol{G}_2\boldsymbol{H}_2)\boldsymbol{B}_2^{\circ}\boldsymbol{C}_{\varphi_1}, \tag{9.52a}$$

$$\boldsymbol{V}_c = (\boldsymbol{I} - \boldsymbol{G}_2\boldsymbol{H}_2)\boldsymbol{B}_2^{\circ}\boldsymbol{C}_{\varphi_1} \tag{9.52b}$$

为了得到目标最终位置估计值 $\hat{\boldsymbol{p}}$ 的偏差，我们调用式(9.43)，得到

$$\Delta\boldsymbol{p} = \boldsymbol{B}_3^{\circ-1}(\Delta\boldsymbol{\varphi}_2 - \Delta\boldsymbol{p}\odot\Delta\boldsymbol{p}) \tag{9.53}$$

对 $\Delta\boldsymbol{p}$ 求期望，则 $\hat{\boldsymbol{p}}$ 的偏差由下式给出：

$$\delta\boldsymbol{p} = E\{\Delta\boldsymbol{p}\} = \boldsymbol{B}_3^{\circ-1}(\delta\boldsymbol{\varphi}_2 - \boldsymbol{c}_p) \tag{9.54}$$

式中，$\boldsymbol{c}_p$ 是列向量，其包含了式(9.44)中的误差协方差矩阵 $\boldsymbol{C}_p$ 的对角元素。

这个偏差问题的直接解决方法是估计 $\delta\boldsymbol{p}$ 的值并从 $\hat{\boldsymbol{p}}$ 中减去该值。值得注意的是，$\delta\boldsymbol{p}$ 的精确值是无法计算得到的，因为它是 $\boldsymbol{p}$ 的函数，所以 $\delta\boldsymbol{p}$ 只能用 $\hat{\boldsymbol{p}}$ 近似。这种方法要求 TDOA 噪声协方差矩阵 $\boldsymbol{Q}$ 必须是精确已知的，然而在实际应用中，往往只能得到的 $\boldsymbol{Q}$ 的结构形式，这是因为缺乏 TDOA 噪声功率的信息，且该噪声功率必须单独估计。

9.5 偏差补偿技术

9.5.1 具有二次约束的增广解

三阶最小二乘解的偏差问题可以通过构建增广解方程并施加二次约束条件

来解决[114]。式(9.22)中的最小二乘解 $\hat{\boldsymbol{\varphi}}_1$ 的目标函数为

$$\epsilon=(\boldsymbol{h}_1-\boldsymbol{G}_1\boldsymbol{\varphi}_1)^{\mathrm{T}}\boldsymbol{W}_1(\boldsymbol{h}_1-\boldsymbol{G}_1\boldsymbol{\varphi}_1), \tag{9.55}$$

其可以等价改写为

$$\epsilon=\boldsymbol{v}^{\mathrm{T}}\boldsymbol{A}^{\mathrm{T}}\boldsymbol{W}_1\boldsymbol{A}\boldsymbol{v} \tag{9.56}$$

式中，增广矩阵 $\boldsymbol{A}$ 和向量 $\boldsymbol{v}$ 由下式定义：

$$\boldsymbol{A}=[-\boldsymbol{G}_1, \boldsymbol{h}_1] \tag{9.57a}$$

$$\boldsymbol{v}=[\boldsymbol{\varphi}_1^{\mathrm{T}}, 1]^{\mathrm{T}} \tag{9.57b}$$

增广矩阵 $\boldsymbol{A}$ 可以被分解成无噪声真值 $\boldsymbol{A}^{\circ}$ 与噪声矩阵 $\Delta\boldsymbol{A}$ 之和：

$$\boldsymbol{A}=\boldsymbol{A}^{\circ}+\Delta\boldsymbol{A} \tag{9.58}$$

式中，

$$\Delta\boldsymbol{A}=2[\boldsymbol{0}_{(N-1)\times D}, \boldsymbol{n}, \overline{\boldsymbol{B}}_1\boldsymbol{n}], \tag{9.59a}$$

$$\overline{\boldsymbol{B}}_1=\mathrm{diag}(d_{21}, d_{31}, \cdots, d_{N1}) \tag{9.59b}$$

将式(9.58)代入式(9.56)中，并求 ϵ 的期望，从而得到平均目标函数：

$$E\{\epsilon\}=\boldsymbol{v}^{\mathrm{T}}\boldsymbol{A}^{\circ\mathrm{T}}\boldsymbol{W}_1\boldsymbol{A}^{\circ}\boldsymbol{v}+\boldsymbol{v}^{\mathrm{T}}E\{\Delta\boldsymbol{A}^{\mathrm{T}}\boldsymbol{W}_1\Delta\boldsymbol{A}\}\boldsymbol{v} \tag{9.60}$$

式(9.60)右侧的两项都是二次型，因此 $E\{\epsilon\}$ 是 $\boldsymbol{v}$ 的非负函数。第一项 $\boldsymbol{v}^{\mathrm{T}}\boldsymbol{A}^{\circ\mathrm{T}}\boldsymbol{W}_1\boldsymbol{A}^{\circ}\boldsymbol{v}$ 是理想成本函数，它在 $\boldsymbol{v}$ 的真值处取最小值零，因为对于 $\boldsymbol{\varphi}_1$ 的真值，有 $\boldsymbol{A}^{\circ}\boldsymbol{v}=\boldsymbol{h}_1^{\circ}-\boldsymbol{G}_1^{\circ}\boldsymbol{\varphi}_1=\boldsymbol{0}$。如果 $E\{\epsilon\}$ 相对于 $\boldsymbol{v}$ 取最小值，则第二项 $\boldsymbol{v}^{\mathrm{T}}E\{\Delta\boldsymbol{A}^{\mathrm{T}}\boldsymbol{W}_1\Delta\boldsymbol{A}\}\boldsymbol{v}$ 会导致求出的解偏离真值 $\boldsymbol{v}$，从而导致 $\boldsymbol{v}$ 的估计出现偏差。

这个问题可以通过施加一个约束条件来克服，从而使得式(9.60)的第二项在 ϵ 最小化时是常数，从而有：

$$\min_{\boldsymbol{v}}\{\boldsymbol{v}^{\mathrm{T}}\boldsymbol{A}^{\mathrm{T}}\boldsymbol{W}_1\boldsymbol{A}\boldsymbol{v}\}, \text{约束条件 } \boldsymbol{v}^{\mathrm{T}}\boldsymbol{\Omega}\boldsymbol{v}=k \tag{9.61}$$

式中，$\boldsymbol{\Omega}=E\{\Delta\boldsymbol{A}^{\mathrm{T}}\boldsymbol{W}_1\Delta\boldsymbol{A}\}$。值得注意的是，常数 k 仅影响 $\boldsymbol{v}$ 的比例因子，因此其取值并不是一项重要影响因素。这个约束最小化问题可以利用拉格朗日乘子法进行求解：

$$\min_{\boldsymbol{v}}\{\boldsymbol{v}^{\mathrm{T}}\boldsymbol{A}^{\mathrm{T}}\boldsymbol{W}_1\boldsymbol{A}\boldsymbol{v}+\lambda(k-\boldsymbol{v}^{\mathrm{T}}\boldsymbol{\Omega}\boldsymbol{v})\} \tag{9.62}$$

式中，λ 是拉格朗日乘数。将式(9.62)中的最小化函数对 $\boldsymbol{v}$ 求导，并将其设为零，从而得到

$$(\boldsymbol{A}^{\mathrm{T}}\boldsymbol{W}_1\boldsymbol{A})\boldsymbol{v}=\lambda\boldsymbol{\Omega}\boldsymbol{v} \tag{9.63}$$

将式(9.63)的两边分别左乘 $\boldsymbol{v}^{\mathrm{T}}$，并从式(9.61)中注意到有：$\boldsymbol{v}^{\mathrm{T}}\boldsymbol{\Omega}\boldsymbol{v}=k$，将式(9.61)中待求的最小化代价函数变为 λk。因为 k 为常数，所以 λ 必须取最小值。因此，$\boldsymbol{v}$ 的解(用 $\hat{\boldsymbol{v}}$ 表示)是组合 $(\boldsymbol{A}^{\mathrm{T}}\boldsymbol{W}_1\boldsymbol{A},\boldsymbol{\Omega})$ 的广义特征向量，其对应于最小广义特征值 $\lambda_{\min}$。虽然广义特征分解方法可以用来搜索 $\hat{\boldsymbol{v}}$，但如上述所示，$\hat{\boldsymbol{v}}$ 的显式解也是可用的。

使用式(9.59)，约束矩阵 $\boldsymbol{\Omega}$ 变成：

$$\boldsymbol{\Omega}=E\{\Delta\boldsymbol{A}^{\mathrm{T}}\boldsymbol{W}_1\Delta\boldsymbol{A}\}=\begin{bmatrix}\boldsymbol{0}_{D\times D} & \boldsymbol{0}_{2\times D}\\ \boldsymbol{0}_{D\times 2} & \overline{\boldsymbol{\Omega}}\end{bmatrix} \tag{9.64}$$

式中，

$$\overline{\boldsymbol{\Omega}}=4\begin{bmatrix}\operatorname{trace}(\boldsymbol{W}_1\boldsymbol{Q}) & \operatorname{trace}(\boldsymbol{W}_1\overline{\boldsymbol{B}}_1\boldsymbol{Q})\\ \operatorname{trace}(\overline{\boldsymbol{B}}_1\boldsymbol{W}_1\boldsymbol{Q}) & \operatorname{trace}(\overline{\boldsymbol{B}}_1\boldsymbol{W}_1\overline{\boldsymbol{B}}_1\boldsymbol{Q})\end{bmatrix} \tag{9.65}$$

注意：$\overline{\boldsymbol{\Omega}}$ 取决于 $\overline{\boldsymbol{B}}_1$，后者是 TDOA 真值未知的函数。因此，带噪声的 TDOA 测量值常用来代替 $\overline{\boldsymbol{B}}_1$ 和 $\overline{\boldsymbol{\Omega}}$ 的计算值。

向量 $\boldsymbol{v}$ 和矩阵 $\boldsymbol{A}^{\mathrm{T}}\boldsymbol{W}_1\boldsymbol{A}$ 可以被划分为

$$\boldsymbol{v}=\begin{bmatrix}\boldsymbol{v}_1\\ \boldsymbol{v}_2\end{bmatrix},\ \boldsymbol{A}^{\mathrm{T}}\boldsymbol{W}_1\boldsymbol{A}=\begin{bmatrix}\boldsymbol{A}_{11} & \boldsymbol{A}_{12}\\ \boldsymbol{A}_{12}^{\mathrm{T}} & \boldsymbol{A}_{22}\end{bmatrix} \tag{9.66}$$

式中，$\boldsymbol{v}_1$ 和 $\boldsymbol{v}_2$ 分别是维度为 $D\times 1$ 和 2×1 的列向量，子阵 $\boldsymbol{A}_{11}$，$\boldsymbol{A}_{12}$ 和 $\boldsymbol{A}_{22}$ 的维度分别为 $D\times D$，$D\times 2$ 和 2×2。

将式(9.64)～式(9.66)代入式(9.63)中，得到

$$\begin{bmatrix}\boldsymbol{A}_{11}\boldsymbol{v}_1+\boldsymbol{A}_{12}\boldsymbol{v}_2\\ \boldsymbol{A}_{12}^{\mathrm{T}}\boldsymbol{v}_1+\boldsymbol{A}_{22}\boldsymbol{v}_2\end{bmatrix}=\begin{bmatrix}0\\ \lambda\overline{\boldsymbol{\Omega}}\boldsymbol{v}_2\end{bmatrix} \tag{9.67}$$

由此得到

$$\boldsymbol{v}_1=-\boldsymbol{A}_{11}^{-1}\boldsymbol{A}_{12}\boldsymbol{v}_2 \tag{9.68}$$

以及

$$(\boldsymbol{A}_{22}-\boldsymbol{A}_{12}^{\mathrm{T}}\boldsymbol{A}_{11}^{-1}\boldsymbol{A}_{12})\boldsymbol{v}_2=\lambda\overline{\boldsymbol{\Omega}}\boldsymbol{v}_2 \tag{9.69}$$

$\overline{\boldsymbol{\Omega}}$ 的正定性保证了 $\boldsymbol{v}_2$ 的唯一解，为求 $\boldsymbol{v}_2$，将式(9.69)改写为

$$\boldsymbol{D}\boldsymbol{v}_2=\lambda\boldsymbol{v}_2 \tag{9.70}$$

式中，

$$\boldsymbol{D}=\overline{\boldsymbol{\Omega}}^{-1}(\boldsymbol{A}_{22}-\boldsymbol{A}_{12}^{\mathrm{T}}\boldsymbol{A}_{11}^{-1}\boldsymbol{A}_{12})=\begin{bmatrix}D_{11} & D_{12}\\ D_{21} & D_{22}\end{bmatrix} \tag{9.71}$$

注意，当特征值满足 $|\boldsymbol{D}-\lambda\boldsymbol{I}|=0$ 时，可以得到以下二次方程：

$$\lambda^2-(D_{11}+D_{22})\lambda+D_{11}D_{22}-D_{12}D_{21}=0 \tag{9.72}$$

其中较小的根为

$$\lambda_{\min}=\frac{1}{2}\{D_{11}+D_{22}-[(D_{11}-D_{22})^2+4D_{12}D_{21}]^{\frac{1}{2}}\} \tag{9.73}$$

将 $\lambda_{\min}$ 代入式(9.70)中，并将 $\boldsymbol{v}_2$ 的第二个元素归一化为 1，得到 $\boldsymbol{v}_2$ 的解为

$$\hat{\boldsymbol{v}}_2=\begin{bmatrix}\left(\dfrac{\lambda_{\min}-D_{22}}{D_{21}}\right)\\ 1\end{bmatrix} \tag{9.74}$$

将 $\hat{\boldsymbol{v}}_2$ 代入式(9.68)中，得到 v_1 的解为

$$\hat{\boldsymbol{v}}_1=-\boldsymbol{A}_{11}^{-1}\boldsymbol{A}_{12}\hat{\boldsymbol{v}}_2 \tag{9.75}$$

因此，$\boldsymbol{\varphi}_1$ 的解可以从 $\hat{\boldsymbol{v}}_1$ 和 $\hat{\boldsymbol{v}}_2$ 中得到，

$$\hat{\boldsymbol{\varphi}}_1=\begin{bmatrix}\hat{\boldsymbol{v}}_1\\ \hat{\boldsymbol{v}}_2(1)\end{bmatrix} \tag{9.76}$$

式中，$\hat{\boldsymbol{v}}_2(1)$ 表示 $\hat{\boldsymbol{v}}_2$ 的第一个元素。由于偏差性问题已经在估计量 $\hat{\boldsymbol{\varphi}}_1$ 中得到解决，因此估计量 $\hat{\boldsymbol{\varphi}}_2$ 和 $\hat{\boldsymbol{p}}$ 可使用式(9.36)和式(9.41)进行计算，从而无需任何进一步的偏差补偿。

9.5.2　基于辅助变量的解

在本节中，基于辅助变量估计的框架给出了另一种降低偏差的方法[116]。与具有二次约束条件的增广解相比，该方法具有较低的计算复杂度，同时在偏差和均方误差方面与二次约束条件的增广解具有几乎相同的性能。

回顾第 9.4 节，三阶最小二乘估计器的偏差来源于测量矩阵 $\boldsymbol{G}_1$ 和伪线性噪声 $\boldsymbol{\eta}_1$ 之间的相关性。这种相关性可以通过修改式(9.22)中加权最小二乘估计的正规方程来消除：

$$(\boldsymbol{G}_1^{\mathrm{T}}\boldsymbol{W}_1\boldsymbol{G}_1)\hat{\boldsymbol{\varphi}}_1=\boldsymbol{G}_1^{\mathrm{T}}\boldsymbol{W}_1\boldsymbol{h}_1 \tag{9.77}$$

对于

$$(\boldsymbol{F}_1^{\mathrm{T}}\boldsymbol{W}_1\boldsymbol{G}_1)\hat{\boldsymbol{\varphi}}_1^{\mathrm{IV}}=\boldsymbol{F}_1^{\mathrm{T}}\boldsymbol{W}_1\boldsymbol{h}_1 \tag{9.78}$$

使用辅助变量矩阵 $\boldsymbol{F}_1$，由其导出的辅助变量估计为

$$\hat{\boldsymbol{\varphi}}_1^{\mathrm{IV}}=(\boldsymbol{F}_1^{\mathrm{T}}\boldsymbol{W}_1\boldsymbol{G}_1)^{-1}\boldsymbol{F}_1^{\mathrm{T}}\boldsymbol{W}_1\boldsymbol{h}_1 \tag{9.79}$$

理论上，这种基于辅助变量的估计是渐近无偏的，即当 $N\rightarrow\infty$ 时，有 $E\{\hat{\boldsymbol{\varphi}}_1^{\mathrm{IV}}-\boldsymbol{\varphi}_1\}\rightarrow\mathbf{0}$，如果选择辅助变量矩阵 $\boldsymbol{F}_1$，那么当 $N\rightarrow\infty$ 时，$E\left\{\dfrac{\boldsymbol{F}_1^{\mathrm{T}}\boldsymbol{W}_1\boldsymbol{G}_1}{N-1}\right\}$ 非奇异且有 $E\left\{\dfrac{\boldsymbol{F}_1^{\mathrm{T}}\boldsymbol{W}_1\boldsymbol{h}_1}{N-1}\right\}=\mathbf{0}$[80]。

由于无噪声测量矩阵 $\boldsymbol{G}_1^{\circ}$ 作为辅助矩阵 $\boldsymbol{F}_1$ 的最优选择，是未知目标位置 $\boldsymbol{p}$ 的函数，因此从式(9.22)的 $\hat{\boldsymbol{\varphi}}_1$ 变量中提取的目标位置信息，也即 $\hat{\boldsymbol{\varphi}}_1(1:D)$，可以用来构造辅助变量矩阵：

$$\boldsymbol{F}_1=-2\begin{bmatrix}(\boldsymbol{r}_2-\boldsymbol{r}_1)^{\mathrm{T}} & \hat{d}_{21}^{\mathrm{IV}}\\(\boldsymbol{r}_3-\boldsymbol{r}_1)^{\mathrm{T}} & \hat{d}_{31}^{\mathrm{IV}}\\ \vdots & \vdots\\(\boldsymbol{r}_N-\boldsymbol{r}_1)^{\mathrm{T}} & \hat{d}_{N1}^{\mathrm{IV}}\end{bmatrix} \tag{9.80}$$

式中，$\hat{d}_{i1}^{\mathrm{IV}}=\|\hat{\boldsymbol{\varphi}}_1(1:D)-\boldsymbol{r}_i\|-\|\hat{\boldsymbol{\varphi}}_1(1:D)-\boldsymbol{r}_1\|$。

由于基于辅助变量的解 $\hat{\boldsymbol{\varphi}}_1^{\mathrm{IV}}$ 已经解决了 $\hat{\boldsymbol{\varphi}}_1$ 的偏差性问题，因此就可以用 $\hat{\boldsymbol{\varphi}}_1^{\mathrm{IV}}$ 来代替 $\hat{\boldsymbol{\varphi}}_1$，从而对式(9.36)和式(9.41)中的 $\hat{\boldsymbol{\varphi}}_2$ 和 $\boldsymbol{p}$ 分别进行估计，不需要做进一步的偏差补偿处理。

对于数量有限的接收站而言，这种基于辅助变量的方法并不是严格无偏的。尽管如此，它却能显著降低三阶最小二乘法中最初的偏差性问题。在下一节中，将通过数值仿真示例的方式来证明基于辅助变量的解决方法在降低偏差方面的有效性，其中可看出该方法表现出了与第 9.5.1 节中提出的增广解决方法相当

的性能。更重要的是，基于辅助变量的解决方法在计算上比增广解决方法更有效，如表 9.1 所示，并在第 9.6 节中进行了示例演示。

表 9.1　计算复杂度的比较*

算　法	运算过程	运　算
三阶最小二乘解（见第 9.3 节）	乘法	$(2D+6)(N-1)^2+(2D^2+7D+6)(N-1)+2(D+1)^2$
	除法	$N-1$
	平方根	$N-1$
	矩阵求逆	$2\mathrm{inv}_{(D+1)\times(D+1)}$
二次约束条件的增广解（见第 9.5.1 节）	乘法	$4(N-1)^3+(2D+10)(N-1)^2+(2D^2+9D+9)(N-1)+(4D^2+8D+40)$
	除法	$N+2D+3$
	平方根	$N+1$
	矩阵求逆	$4\mathrm{inv}_{D\times D}+2\mathrm{inv}_{2\times 2}$
基于辅助变量的解（见第 9.5.2 节）	乘法	$(3D+8)(N-1)^0+(3D^2+11D+8)(N-1)+(3D^2+7D+3)$
	除法	$N-1$
	平方根	$2N-1$
	矩阵求逆	$3\mathrm{inv}_{(D+1)\times(D+1)}$

注：此处只考虑求 $\boldsymbol{\varphi}_1$ 值的复杂度问题，因为在求解 $\boldsymbol{\varphi}_2$ 和 $\boldsymbol{p}$ 的过程中所有方法都是相同的。这里，$\mathrm{inv}_{K\times K}$ 表示求 $K\times K$ 矩阵的逆。除 $\boldsymbol{Q}^{-1}$ 和 $\boldsymbol{r}_i^{\mathrm{T}}\boldsymbol{r}$ 之外，可以预先求出各项式中的值。

9.6　算法性能与比较

本节给出的仿真示例用以评估第 9.2～9.5 节中所述算法在偏差和均方误差方面的性能。目标位置估计的 MSE 和偏差定义为

$$\mathrm{MSE}=\frac{1}{N_{\mathrm{MC}}}\sum_{l=1}^{N_{\mathrm{MC}}}\|\hat{\boldsymbol{p}}^{\langle l\rangle}-\boldsymbol{p}\|^2, \tag{9.81a}$$

$$\mathrm{bias}=\left\|\frac{1}{N_{\mathrm{MC}}}\sum_{l=1}^{N_{\mathrm{MC}}}(\hat{\boldsymbol{p}}^{\langle l\rangle}-\boldsymbol{p})\right\| \tag{9.81b}$$

式中，N_{MC} 是蒙特卡罗运行次数，$\hat{\boldsymbol{p}}^{\langle l\rangle}$ 是在第 l 次蒙特卡罗仿真中 $\boldsymbol{p}$ 的估计值。采用高斯-牛顿迭代法实现 MLE，该值由真实目标位置进行初始化并在 10 次迭

代后停止。计算式(9.11)中 CRLB 矩阵 $\boldsymbol{C}_{\mathrm{CRLB}}$ 的对角元素之和,并将其用作算法 MSE 的性能基准。在如下所述的仿真中考虑两种场景。

场景 1(部署位置的几何关系固定):考虑具有 5 个接收站的无源多基地雷达系统,其中第一接收站(参考接收站)位于原点$[0,\ 0]^{\mathrm{T}}$ km 处,而其余接收站沿着半径 10 km 的圆均匀地部署,即对 $i=2,3,4,5$,有 $\boldsymbol{r}_i=\left[10\cos\left(\frac{2\pi}{N-1}(i-2)\right),\ 10\sin\left(\frac{2\pi}{N-1}(i-2)\right)\right]^{\mathrm{T}}$ km,目标位于 $\boldsymbol{p}=\left[100\cos\left(\frac{2\pi}{32}\right),\ 100\sin\left(\frac{2\pi}{32}\right)\right]^{\mathrm{T}}$ km 处。TDOA 噪声协方差矩阵被设置为 $\boldsymbol{Q}=\frac{\sigma^2(\boldsymbol{I}+\boldsymbol{1})}{2}$。总共进行 $N_{\mathrm{MC}}=10\,000$ 次蒙特卡罗仿真。

场景 2(部署位置的几何关系随机):考虑随机部署的几何位置关系,其中基于均匀分布原理,随机生成 2 000 个部署方案。8 个接收站随机分布在距原点 10 km 的范围内,而目标随机放置在距原点 10～60 km 的距离内。首先对每个几何部署方案通过 1 000 次蒙特卡罗仿真运行获得 MSE 和偏差值,然后在所有 2 000 个几何部署方案中再取平均。

图 9.2 和图 9.3 分别展示了在场景 1 和场景 2 中三阶最小二乘解、增广解、

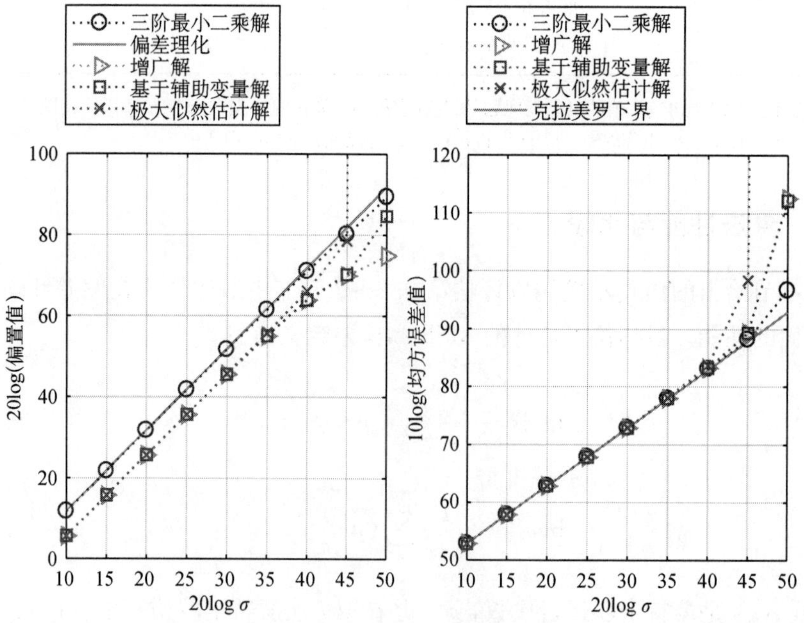

图 9.2　场景 1 中三阶最小二乘解、增广解、基于辅助变量的解和 MLS 之间的性能比较

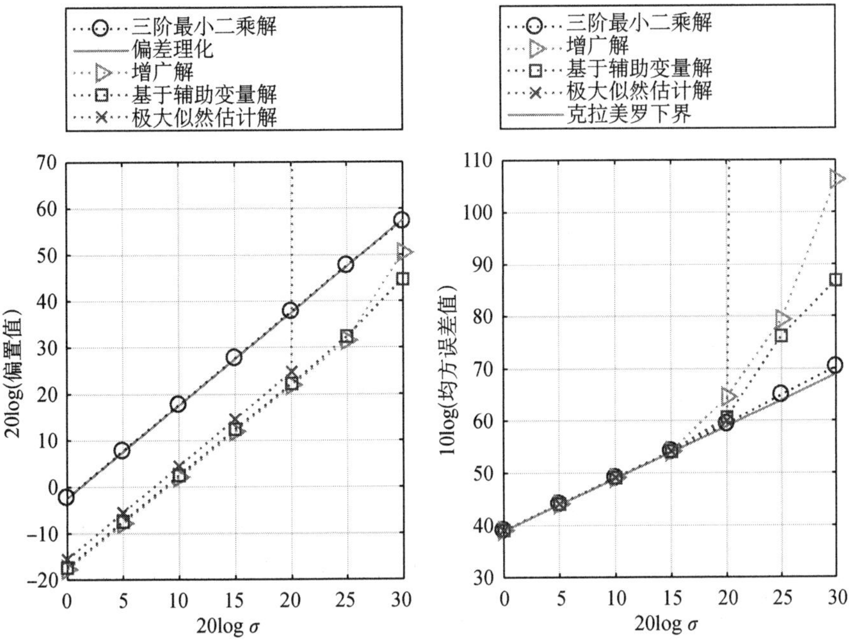

图 9.3　场景 2 中三阶最小二乘、增广解、基于辅助变量的解和 MLE 之间的性能比较

基于辅助变量的解以及极大似然估计(MLE)的偏差和 MSE 性能。这里，20log(bias)、10log(MSE)和 20log σ 具有相同的单位 20log(m)。可以看到，三阶最小二乘解具有严重的偏差，且远大于极大似然估计(MLE)。此外，三阶最小二乘解的偏差与第 9.4 节中给出的理论偏差值一致。相比之下，二次约束的增广解和基于辅助变量的解具有几乎相同的偏差性能，且其远小于三阶最小二乘解的偏差。此外，这两种方法的偏差性能非常接近 MLE，从而证明它们具备了与最优非线性估计近似的偏差性能。此外，我们还能从图 9.2 和图 9.3 中看出这两种方法的 MSE 与 MLE 方法的 MSE 几乎相同，并且在阈值效应出现之前，它们的 MSE 接近 CRLB。对于场景 1，阈值效应发生在 20logσ=45 处，对于场景 2，阈值效应发生在 20logσ=20 处。

为了对算法的复杂度进行数值比较，所有算法都在 MATLAB 中实现，并在同一硬件平台上运行。算法的平均运行时间在表 9.2 中给出，其中平均运行时间采用三阶最小二乘解的平均运行时间进行了归一化。可以看到，虽然三者都具有同样的性能，但是基于辅助变量的算法在计算上比增广解和 MLE 算法更有效。具体而言，由于需要进行额外的辅助变量估计，基于辅助变量的算法仅比三阶最小二乘算法慢 24%，而增广解算法和 MLE 算法分别比三阶最小二乘算法需要多 94%和 261%的运行时长。

表 9.2　平均运行时间

算法	运行时长†
三级最小二乘解	1
基于 IV 的解决方案	1.24
增广解	1.94
极大似然估计(MLE)	3.61

注:† 以三阶最小二乘解的运行时长进行归一化。

9.7　小结

本章研究了基于时差测量的无源多基地目标定位问题。迭代 MLE 解法不仅计算量大,且由于 TDOA 测量方程具有非线性,因此结果易于收敛到局部最小值或具有发散性。另一方面,非线性 TDOA 测量可以通过引入一个冗余参数,从而允许使用封闭形式的线性最小二乘法通过代数重排构成一组线性方程组。该方法需要考虑目标位置和冗余参数之间的约束关系来构造有效估计,同时必须处理测量矩阵和伪线性噪声向量之间的相关性以防止估计出现偏差。为了满足这些要求,提出了三种封闭形式的解决方法,即三阶最小二乘解算法、二次约束增广解算法和基于辅助变量的解算法。仿真示例验证了这些算法的有效性。

参考文献

[1] M. I. Skolnik, Radar Handbook, third ed., McGraw-Hill, New York, NY, 2008.
[2] M. A. Richards, Fundamentals of Radar Signal Processing, McGraw-Hill, New York, 2005.
[3] P. Tait, Introduction to Radar Target Recognition, Institution of Electrical Engineers, London, UK, 2005.
[4] D. R. Wehner, High-Resolution Radar, Artech House, Boston, MA, 1995.
[5] V. C. Chen, M. Martorella, Inverse Synthetic Aperture Radar Imaging: Principles, Algorithms and Applications, SciTech Publishing, Edison, NJ, 2014.
[6] A. Farina, F. A. Studer, Radar Data Processing: Vol. II—Advanced Topics and Applications, Research Studies Press, UK, 1986.
[7] N. J. Willis, H. D. Griffiths (Eds.), Advances in Bistatic Radar, SciTech Publishing, Raleigh, NC, 2007.
[8] F. Gini, A. De Maio, L. Patton (Eds.), Waveform Design and Diversity for Advanced Radar Systems, Institution of Engineering and Technology, London, UK, 2012.
[9] M. G. Amin (Ed.), Radar for Indoor Monitoring: Detection, Classification, and Assessment, CRC Press, Boca Raton, FL, 2017.
[10] M. G. Amin (Ed.), Through-the-Wall Radar Imaging, CRC Press, Boca Raton, FL, 2017.
[11] R. J. Doviak, D. S. Zrnic, Doppler Radar and Weather Observations, second ed., Academic Press, San Diego, 1993.
[12] V. N. Bringi, V. Chandrasekar, Polarimetric Doppler Weather Radar: Principles and Applications, Cambridge University Press, Cambridge, UK, 2001.
[13] N. J. Willis, Introduction, in: N. J. Willis, H. D. Griffiths (Eds.), Advances in Bistatic Radar, SciTech Publishing, Raleigh, NC, 2007, pp. 3-9, chap. 1.
[14] N. J. Willis, Bistatic Radar, SciTech Publishing, Raleigh, NC, 2005.
[15] A. M. Haimovich, R. S. Blum, L. J. Cimini, MIMO radar with widely separated antennas, IEEE Signal Processing Magazine 25 (1) (2008) 116-129.
[16] J. Li, P. Stoica, MIMO Radar Signal Processing, John Wiley and Sons, Hoboken, New Jersey, 2009.
[17] H. D. Griffiths, C. J. Baker, An Introduction to Passive Radar, Artech House, Norwood, MA, 2017.
[18] M. C. Wicks, E. L. Mokole, S. D. Blunt, R. S. Schneible, V. J. Amuso (Eds.),

Principles of Waveform Diversity and Design，SciTech Publishing，Raleigh，NC，2010.
[19] H. L. Van Trees，Detection，Estimation，and Modulation Theory，Part III：RadarSonar Signal Processing and Gaussian Signals in Noise，John Wiley and Sons，New York，2001.
[20] T. Tsao，M. Slamani，P. Varshney，D. Weiner，H. Schwarzlander，S. Borek，Ambiguity function for a bistatic radar，IEEE Transactions on Aerospace and Electronic Systems，33 (3) (1997) 1041-1051.
[21] I. Bradaric，G. T. Capraro，M. C. Wicks，Waveform diversity and signal processing strategies in multistatic radar systems，in：M. C. Wicks，E. L. Mokole，S. D. Blunt，R. S. Schneible，V. J. Amuso (Eds.)，Principles of Waveform Diversity and Design，SciTech Publishing，Raleigh，NC，2010，pp. 286-304，chap. 16.
[22] S. M. Kay，Fundamentals of Statistical Signal Processing：Estimation Theory，PrenticeHall，Englewood Cliffs，NJ，1993.
[23] Y. Bar-Shalom，X. Li Rong，T. Kirubarajan，Estimation With Applications to Tracking and Navigation：Theory，Algorithms and Software，John Wiley and Sons，New York，2001.
[24] S. Blackman，R. Popoli，Design and Analysis of Modern Tracking Systems，Artech House，Boston，MA，1999.
[25] S. D. Howard，S. Suvorova，W. Moran，Waveform libraries for radar tracking applications，in：Proc. International Waveform Diversity Design Conference，Edinburgh，UK，2004，pp. 1-5.
[26] S. Suvorova，S. D. Howard，W. Moran，R. J. Evans，Waveform libraries for radar tracking applications：maneuvering targets，in：Proc. 40th Annual Conference on Information Sciences and Systems，Princeton，NJ，USA，2006，pp. 1424-1428.
[27] A. Leshem，O. Naparstek，A. Nehorai，Information theoretic adaptive radar waveform design for multiple extended targets，IEEE Journal of Selected Topics in Signal Processing 1 (1) (2007) 42-55.
[28] D. J. Kershaw，R. J. Evans，Optimal waveform selection for tracking systems，IEEE Transactions on Information Theory 40 (5) (1994) 1536-1550.
[29] D. J. Kershaw，R. J. Evans，Waveform selective probabilistic data association，IEEE Transactions on Aerospace and Electronic Systems 33 (4) (1997) 1180-1188.
[30] S. P. Sira，A. Papandreou-Suppappola，D. Morrell，Dynamic configuration of timevarying waveforms for agile sensing and tracking in clutter，IEEE Transactions on Signal Processing 55 (7) (2007) 3207-3217.
[31] S. P. Sira，A. Papandreou-Suppappola，D. Morrell，Advances in Waveform-Agile Sensing for Tracking，Synthesis Lectures on Algorithms and Software in Engineering，Morgan and Claypool，San Rafael，CA，2008.
[32] S. P. Sira，Y. Li，A. Papandreou-Suppappola，D. Morrell，D. Cochran，M. Rangaswamy，Waveform-agile sensing for tracking，IEEE Signal Processing Magazine

26 (1) (2009)53-64.
[33] N. H. Nguyen, K. Dogancay, L. M. Davis, Joint transmitter waveform and receiver path optimization for target tracking by multistatic radar system, in: Proc. EEE Workshop on Statistical Signal Processing (SSP), Gold Coast, Australia, 2014, pp. 444-447.
[34] N. H. Nguyen, K. Dogancay, L. M. Davis, Adaptive waveform selection and target tracking by wideband multistatic radar/sonar systems, in: Proc. European Signal Processing Conference (EUSIPCO), Lisbon, Portugal, 2014, pp. 1910-1914.
[35] Y. Bar-Shalom, W. D. Blair, Multitarget-Multisensor Tracking: Application and Advances, vol. 3, Artech House, Norwood, MA, 2000.
[36] S.-M. Hong, R. J. Evans, H.-S. Shin, Optimization of waveform and detection threshold for range and range-rate tracking in clutter, IEEE Transactions on Aerospace and Electronic Systems 41 (1) (2005) 17-33.
[37] M. S. Greco, P. Stinco, F. Gini, A. Farina, Cramer-Rao bounds and selection of bistatic channels for multistatic radar systems, IEEE Transactions on Aerospace and Electronic Systems 47 (4) (2011) 2934-2948.
[38] P. Stinco, M. S. Greco, F. Gini, A. Farina, Posterior Cramer-Rao lower bounds for passive bistatic radar tracking with uncertain target measurements, Signal Processing 93 (12) (2013) 3528-3540.
[39] T. Tsao, M. Slamani, P. Varshney, D. Weiner, H. Schwarzlander, S. Borek, Ambiguity function for a bistatic radar, IEEE Transactions on Aerospace and Electronic Systems 33 (3) (1997) 1041-1051.
[40] A. Dogandzic, A. Nehorai, Cramer-Rao bounds for estimating range, velocity, and direction with an active array, IEEE Transactions on Signal Processing 49 (6) (2001) 1122-1137.
[41] A. Dogandzic, A. Nehorai, Estimating range, velocity, and direction with a radar array, in: Proc. IEEE International Conference on Acoustics, Speech and Signal Processing (ICASSP), Cambridge, MA, vol. 5, 1999, pp. 2773-2776.
[42] X. Li Rong, V. P. Jilkov, Survey of maneuvering target tracking. Part I. Dynamic models, IEEE Transactions on Aerospace and Electronic Systems 39 (4) (2003) 1333-1364.
[43] E. Mazor, A. Averbuch, Y. Bar-Shalom, J. Dayan, Interacting multiple model methods in target tracking: a survey, IEEE Transactions on Aerospace and Electronic Systems 34 (1) (1998) 103-123.
[44] C. O. Savage, B. Moran, Waveform selection for maneuvering targets within an IMM framework, IEEE Transactions on Aerospace and Electronic Systems 43 (3) (2007) 1205-1214.
[45] Y. Bar-Shalom, X. Li, Multitarget-Multisensor Tracking: Principles and Techniques, YBS Publishing, Storrs, CT, 1995.

[46] S. Blackman, Multi-Target Tracking With Radar Applications, Artech House, Norwood, MA, 1986.

[47] A. Farina, F. A. Studer, Radar Data Processing: Vol. II—Advanced Topics and Applications, Research Studies Press, UK, 1986.

[48] T. Fortmann, Y. Bar-Shalom, M. Scheffe, S. Gelfand, Detection thresholds for tracking in clutter—a connection between estimation and signal processing, IEEE Transactions on Automatic Control 30 (3) (1985) 221-229.

[49] D. J. Kershaw, R. J. Evans, A contribution to performance prediction for probabilistic data association tracking filters, IEEE Transactions on Aerospace and Electronic Systems 32 (3) (1996) 1143-1148.

[50] Y. Bar-Shalom, T. E. Fortmann, Tracking and Data Association, Academic Press, San Diego, CA, 1988.

[51] A. Farina, Tracking function in bistatic and multistatic radar systems, IEE Proceedings F (Communications, Radar and Signal Processing) 133 (7) (1986) 630-637.

[52] M. S. Mahmoud, H. M. Khalid, Distributed Kalman filtering: a bibliographic review, IET Control Theory & Applications 7 (4) (2013) 483-501.

[53] F. S. Cattivelli, A. H. Sayed, Diffusion strategies for distributed Kalman filtering and smoothing, IEEE Transactions on Automatic Control 55 (9) (2010) 2069-2084.

[54] R. Carli, A. Chiuso, L. Schenato, S. Zampieri, Distributed Kalman filtering based on consensus strategies, IEEE Journal on Selected Areas in Communications 26 (4) (2008) 622-633.

[55] Y. Oshman, P. Davidson, Optimization of observer trajectories for bearings-only target localization, IEEE Transactions on Aerospace and Electronic Systems 35 (3) (1999) 892-902.

[56] K. Dogancay, Online optimization of receiver trajectories for scan-based emitter localization, IEEE Transactions on Aerospace and Electronic Systems 43 (3) (2007) 1117-1125.

[57] J. Ousingsawat, M. E. Campbell, Optimal cooperative reconnaissance using multiple vehicles, Journal of Guidance, Control, and Dynamics 30 (1) (2007) 122-132.

[58] K. Dogancay, UAV path planning for passive emitter localization, IEEE Transactions on Aerospace and Electronic Systems 48 (2) (2012) 1150-1166.

[59] K. Dogancay, H. Hmam, Optimal angular sensor separation for AOA localization, Signal Processing 88 (5) (2008) 1248-1260.

[60] A. N. Bishop, B. Fidan, B. D. O. Anderson, K. Dogancay, P. N. Pathirana, Optimality analysis of sensor-target localization geometries, Automatica 46 (3) (2010) 479-492.

[61] S. Zhao, B. M. Chen, T. H. Lee, Optimal sensor placement for target localisation and tracking in 2D and 3D, International Journal of Control 86 (10) (2013) 1687-1704.

[62] K. Dogancay, H. Hmam, On optimal sensor placement for time-difference-of-arrival

localization utilizing uncertainty minimization, in: Proc. European Signal Processing Conference (EUSIPCO), Glasgow, Scotland, 2009, pp. 1136-1140.

[63] K. W. K. Lui, H. C. So, A study of two-dimensional sensor placement using timedifference-of-arrival measurements, Digital Signal Processing 19 (4) (2009) 650-659.

[64] N. H. Nguyen, K. Dogancay, Optimal sensor placement for Doppler shift target localization, in: Proc. IEEE Radar Conference (RadarCon), Arlington, VA, USA, 2015, pp. 1677-1682.

[65] N. H. Nguyen, K. Dogancay, Optimal sensor-target geometries for Doppler-shift target localization, in: Proc. European Signal Processing Conference (EUSIPCO), Nice, France, 2015, pp. 180-184.

[66] D. Ucinski, Optimal Measurement Methods for Distributed Parameter System Identification, CRC Press, Boca Raton, FL, 2004.

[67] H. Godrich, A. M. Haimovich, R. S. Blum, Target localization accuracy gain in MIMO radar-based systems, IEEE Transactions on Information Theory 56 (6) (2010) 2783-2803.

[68] L. Rui, K. C. Ho, Elliptic localization: performance study and optimum receiver placement, IEEE Transactions on Signal Processing 62 (18) (2014) 4673-4688.

[69] A. Beck, P. Stoica, J. Li, Exact and approximate solutions of source localization problems, IEEE Transactions on Signal Processing 56 (5) (2008) 1770-1778.

[70] J. Shen, A. F. Molisch, J. Salmi, Accurate passive location estimation using TOA measurements, IEEE Transactions on Wireless Communications 11 (6) (2012) 2182-2192.

[71] P. S. Bullen, Handbook of Means and Their Inequalities, Springer, Netherlands, Dordrecht, 2003.

[72] D. E. Goldberg, Genetic Algorithms in Search, Optimization, and Machine Learning, Addison-Wesley, 1989.

[73] J. A. Snyman, Practical Mathematical Optimization: An Introduction to Basic Optimization Theory and Classical and New Gradient-Based Algorithms, Springer, New York, NY, 2005.

[74] D. J. Torrieri, Statistical theory of passive location systems, IEEE Transactions on Aerospace and Electronic Systems 20 (2) (1984) 183-198.

[75] A. Farina, E. Hanle, Position accuracy in netted monostatic and bistatic radar, IEEE Transactions on Aerospace and Electronic Systems 19 (4) (1983) 513-520.

[76] N. H. Nguyen, K. Dogancay, On the bias of pseudolinear estimators for time-of-arrival based localization, in: Proc. IEEE International Conference on Acoustics, Speech and Signal Processing (ICASSP), 2017, pp. 3301-3305.

[77] S. Nardone, A. Lindgren, K. Gong, Fundamental properties and performance of conventional bearings-only target motion analysis, IEEE Transactions on Automatic

Control 29 (9) (1984) 775-787.

[78] V. J. Aidala, S. C. Nardone, Biased estimation properties of the pseudolinear tracking filter, IEEE Transactions on Aerospace and Electronic Systems 18 (4) (1982) 432-441.

[79] N. H. Nguyen, K. Dogancay, Closed-form algebraic solutions for 3-D Doppler-only source localization, IEEE Transactions on Wireless Communications 17 (10) (2018) 6822-6836.

[80] K. Dogancay, Bias compensation for the bearings-only pseudolinear target track estimator, IEEE Transactions on Signal Processing 54 (1) (2006) 59-68.

[81] K. Dogancay, 3D pseudolinear target motion analysis from angle measurements, IEEE Transactions on Signal Processing 63 (6) (2015) 1570-1580.

[82] K. C. Ho, Y. T. Chan, An asymptotically unbiased estimator for bearings-only and Doppler-bearing target motion analysis, IEEE Transactions on Signal Processing 54 (3) (2006) 809-822.

[83] N. H. Nguyen, K. Dogancay, Improved pseudolinear Kalman filter algorithms for bearings-only target tracking, IEEE Transactions on Signal Processing 65 (23) (2017) 6119-6134.

[84] N. H. Nguyen, K. Dogancay, Instrumental variable based Kalman filter algorithm for three-dimensional AOA target tracking, IEEE Signal Processing Letters 25 (10) (2018) 1605-1609.

[85] N. H. Nguyen, K. Dogancay, 3D AOA target tracking with two-step instrumentalvariable Kalman filtering, in: Proc. IEEE International Conference on Acoustics, Speech and Signal Processing (ICASSP), Brighton, UK, 2019, pp. 4390-4394.

[86] K. C. Ho, W. Xu, An accurate algebraic solution for moving source location using TDOA and FDOA measurements, IEEE Transactions on Signal Processing 52 (9) (2004) 2453-2463.

[87] A. G. Lingren, K. F. Gong, Position and velocity estimation via bearing observations, IEEE Transactions on Aerospace and Electronic Systems 14 (4) (1978) 564-577.

[88] K. Dogancay, On the efficiency of a bearings-only instrumental variable estimator for target motion analysis, Signal Processing 85 (3) (2005) 481-490.

[89] N. H. Nguyen, K. Dogancay, L. M. Davis, Adaptive waveform and Cartesian estimate selection for multistatic target tracking, Signal Processing 111 (2015) 13-25.

[90] N. H. Nguyen, K. Dogancay, Single-platform passive emitter localization with bearing and Doppler-shift measurements using pseudolinear estimation techniques, Signal Processing 125 (2016) 336-348.

[91] C. Ma, R. Klukas, G. Lachapelle, An enhanced two-step least squared approach for TDOA/AOA wireless location, in: Proc. IEEE International Conference on Communications (ICC), Anchorage, AK, USA, vol. 2, 2003, pp. 987-991.

[92] N. H. Nguyen, K. Dogancay, Improved weighted instrumental variable estimator for Doppler-bearing source localization in heavy noise, in: Proc. IEEE International

Conference on Acoustics, Speech and Signal Processing (ICASSP), Calgary, Canada, 2018, pp. 3529-3533.
[93] L. Ljung, T. Soderstrom, Theory and Practice of Recursive Identification, MIT Press, Cambridge, MA, 1983.
[94] S. Haykin, Adaptive Filter Theory, third ed., Prentice-Hall, Englewood Cliffs, NJ, 1996.
[95] J. A. Nelder, R. Mead, A simplex method for function minimization, The Computer Journal 7 (4) (1965) 308-313.
[96] F. Athley, Threshold region performance of maximum likelihood direction of arrival estimators, IEEE Transactions on Signal Processing 53 (4) (2005) 1359-1373.
[97] D. Koks, Passive geolocation for multiple receivers with no initial state estimate, Tech. Rep. DSTO RR-0222, Defence Science & Technology Organisation, Edinburgh, SA, Australia, 2001.
[98] K. Dogancay, Bearings-only target localization using total least squares, Signal Processing 85 (9) (2005) 1695-1710.
[99] M. Gavish, A. J. Weiss, Performance analysis of bearing-only target location algorithms, IEEE Transactions on Aerospace and Electronic Systems 28 (3) (1992) 817-828.
[100] A. S. Goldberger, Econometric Theory, Wiley, New York, NY, 1964.
[101] J. M. Mendel, Lessons in Estimation Theory for Signal Processing, Communications, and Control, Prentice-Hall, Englewood Cliffs, NJ, 1995.
[102] A. Weil, Number Theory: An Approach Through History From Hammurapi to Legendre, Birkhauser, Boston, MA, 2001.
[103] W. Feller, An Introduction to Probability Theory and Its Applications, vol. 1, third ed., Wiley, New York, NY, 1968.
[104] D. Musicki, R. Kaune, W. Koch, Mobile emitter geolocation and tracking using TDOA and FDOA measurements, IEEE Transactions on Signal Processing 58 (3) (2010) 1863-1874.
[105] M. L. Fowler, X. Hu, Signal models for TDOA/FDOA estimation, IEEE Transactions on Aerospace and Electronic Systems 44 (4) (2008) 1543-1550.
[106] A. Yeredor, E. Angel, Joint TDOA and FDOA estimation: a conditional bound and its use for optimally weighted localization, IEEE Transactions on Signal Processing 59 (4) (2011) 1612-1623.
[107] E. Weinstein, D. Kletter, Delay and Doppler estimation by time-space partition of the array data, IEEE Transactions on Acoustics, Speech, and Signal Processing 31 (6) (1983) 1523-1535.
[108] Y. T. Chan, K. C. Ho, A simple and efficient estimator for hyperbolic location, IEEE Transactions on Signal Processing 42 (8) (1994) 1905-1915.
[109] K. Dogancay, N. H. Nguyen, Low-complexity weighted pseudolinear estimator for

TDOA localization with systematic error correction, in: Proc. European Signal Processing Conference (EUSIPCO), Budapest, Hungary, 2016, pp. 2086-2090.

[110] K. Dogancay, Emitter localization using clustering-based bearing association, IEEE Transactions on Aerospace and Electronic Systems 41 (2) (2005) 525-536.

[111] S. R. Drake, K. Dogancay, Geolocation by time difference of arrival using hyperbolic asymptotes, in: Proc. IEEE International Conference on Acoustics, Speech and Signal Processing (ICASSP), Montreal, Canada, vol. 2, 2004, pp. 361-364.

[112] Y. Huang, J. Benesty, G. W. Elko, R. M. Mersereati, Real-time passive source localization: a practical linear-correction least-squares approach, IEEE Transactions on Speech and Audio Processing 9 (8) (2001) 943-956.

[113] H. C. So, Y. T. Chan, F. K. W. Chan, Closed-form formulae for time-difference-ofarrival estimation, IEEE Transactions on Signal Processing 56 (6) (2008) 2614-2620.

[114] K. C. Ho, Bias reduction for an explicit solution of source localization using TDOA, IEEE Transactions on Signal Processing 60 (5) (2012) 2101-2114.

[115] R. J. Barton, D. Rao, Performance capabilities of long-range UWB-IR TDOA localization systems, EURASIP Journal on Advances in Signal Processing 2008 (1) (2007) 1-17.

[116] N. H. Nguyen, K. Dogancay, Computationally efficient IV-based bias reduction for closed-form TDOA localization, in: Proc. IEEE International Conference on Acoustics, Speech and Signal Processing (ICASSP), Calgary, Canada, 2018, pp. 3226-3230.